Sanmya Feitosa Tajra

Comunicação e Negociação:
Conceitos e Práticas Organizacionais

1ª Edição

érica | Saraiva

Dados Internacionais de Catalogação na Publicação (CIP)
(Câmara Brasileira do Livro, SP, Brasil)

Sanmya Feitosa Tajra
Comunicação e negociação: conceitos e práticas organizacionais / Sanmya Feitosa Tajra. -- 1ª ed. -- São Paulo : Érica, 2014.

Bibliografia
ISBN 978-85-365-0765-1

1. Comunicação nos negócios 2. Negociação 3. Organização 4. Organização empresarial 4. Planejamento estratégico I. Título.

14-02668 CDD-650.13

Índices para catálogo sistemático:
1. Comunicação nos negócios : Sucesso : Administração 650.13

Coordenação Editorial:	Rosana Arruda da Silva
Aquisições:	Alessandra Borges
Capa:	Maurício S. de França
Edição de Texto:	Beatriz M. Carneiro, Bonie Cristal dos Santos, Bruna Gomes Cordeiro, Nathalia Ferrarezi, Silvia Campos
Preparação de Texto:	Carla de Oliveira Morais Tureta
Produção Editorial:	Adriana Aguiar Santoro, Dalete Oliveira, Graziele Liborni, Laudemir Marinho dos Santos, Rosana Aparecida Alves dos Santos, Rosemeire Cavalheiro
Produção Digital:	Alline Bullara
Editoração:	MKX Editorial

Contato com o editorial: editorial@editoraerica.com.br

Editora Érica Ltda. | Uma Empresa do Grupo Saraiva
Rua São Gil, 159 - Tatuapé
CEP: 03401-030 - São Paulo - SP
Fone: (11) 2295-3066 - Fax: (11) 2097-4060
www.editoraerica.com.br

Agradecimento

Quero deixar registrado o meu agradecimento à Rosana Arruda, por ter sido uma grande parceira nas publicações ao longo de toda a minha vida, e a toda a equipe da Editora Érica, por esta jornada que sempre deu certo. Assim, não posso deixar de citar Rosana Aparecida, Maurício, Marcelo, Edson, Ariovaldo, Simonica, Rita. Cada um de vocês possui uma grande importância nesta e em todas as outras publicações que já fiz. Nesta, em especial, por todo o processo de transição pelo qual estamos passando.

Agradeço aos meus filhos, Marcel e Felipe, por serem meus maiores motivadores e inspiradores. Sou grata aos filhos que tenho.

Por fim, quero agradecer ao meu eterno companheiro Adilson Ferreira por estar sempre ao meu lado, trazendo alegria a todos os momentos que compartilhamos. Você me faz feliz.

Sobre a Autora

Bacharel em Administração, Mestre em Educação (Currículo) pela PUC/SP, Especialista em Planejamento Estratégico e Sistemas de Informação pela PUC/MG, tem MBA em Gestão Empresarial pela FGV, e é pós-graduada em Gestão de Serviços de Saúde pelo Senac/SP. É *Personal & Professional Coach* pela Sociedade Brasileira de *Coaching*, auditora Líder/BVQI, professora de Graduação e Pós-Graduação de Empreendedorismo, Planejamento Estratégico, Sistemas de Informação e Organização, Sistemas e Métodos e outras disciplinas na área da Administração. Já realizou várias consultorias empresariais nas áreas de Planejamento Estratégico, BSC, ISO 9001:2008, Planos de Negócio, e reestruturação organizacional em empresas públicas e privadas, incluindo vários estabelecimentos na área da saúde. É autora de várias obras nas áreas de Tecnologia Educacional e de Gestão da Saúde. Atualmente é sócia-diretora da empresa de consultoria Tajra Tecnologias.

Sumário

Apresentação

Este livro apresenta, de forma simples, rica e interativa, os principais conceitos relacionados ao processo de comunicação e negociação nos ambientes organizacionais. Com o estudo deste conteúdo o leitor estará apto a atingir seus objetivos de modo mais estruturado e racional, por meio das técnicas de comunicação e negociação eficazes, sempre tendo a ética e as relações respeitosas como referência para suas atividades.

Inicialmente, o livro apresenta a comunicação como elemento essencial para o bom desempenho organizacional; indica, em seguida, como ela ocorre nas empresas, lista as principais fases do processo de comunicação e as barreiras encontradas, bem como os papéis dos profissionais que atuam nessa área e o impacto da era da comunicação sobre as organizações. Explica, também, as etapas para o planejamento adequado das comunicações empresariais.

Para que uma comunicação promova crescimento organizacional, ela precisa ser eficaz e, para tanto, deve ser colaborativa e cooperativa, o que garante uma interação favorável à aprendizagem organizacional. Com esses fatores inseridos nas relações humanas, é possível realizar um *feedback* entre os pares de trabalho e, ainda, desenvolver o ato de ouvir, a fim de compreender e, assim, fortalecer cada vez mais o relacionamento entre os profissionais.

Sabe-se que um processo comunicacional não ocorre apenas por meio da escrita e da fala, mas também por meio de expressões e posturas corporais. É necessário conhecer essas possibilidades para tirar o melhor proveito das interações pessoais. Assim sendo, o livro apresenta vários instrumentos que compõem cada uma das modalidades de comunicação.

No mundo das organizações, compete aos profissionais realizar constantes apresentações, seja para ilustrar resultados alcançados, seja para realizar treinamentos ou demonstrar a clientes e parceiros suas atividades. É preciso, portanto, entender as principais técnicas para uma boa apresentação. Esses aspectos são comentados no livro, de forma que o leitor possa vivenciar cada uma das considerações de forma prática.

Assim como a comunicação, a negociação faz parte do cotidiano de todos. Mas, afinal de contas, como negociar de forma eficaz? Conhecer as atitudes e os diferentes perfis dos negociadores, bem como os principais tipos de negociação (ganha-ganha, perde-ganha, perde-perde, ganha-perde), é essencial para atingir bons resultados. O livro considera, dessa forma, os fatores culturais que afetam uma negociação e todas as fases para a sua estruturação eficaz.

Por fim, aborda os requisitos fundamentais para a constituição de relacionamentos com os clientes por meio de sistemas de comunicação, tais como: pesquisa de satisfação dos clientes, mecanismos para registro e solução de reclamações dos clientes e ouvidoria. Todos esses sistemas devem ser implementados nas empresas a fim de manter a comunicação com os clientes, sempre tendo em vista o Código de Defesa do Consumidor.

Os exercícios fornecidos ajudam o leitor a refletir sobre as abordagens apontadas.

Boa leitura!

A autora

1

A Comunicação nas Organizações

Para começar

Neste capítulo, você verá a importância da comunicação nas organizações, além de perceber se ela tem relação direta com os objetivos que se pretende atingir. Conhecerá, também, as principais barreiras de uma comunicação e entenderá como superá-las, aprendendo a comunicar-se de forma responsável e ética.

1.1 A comunicação e sua importância nas organizações

Afinal de contas, o que é comunicação? Vamos fazer a seguinte análise: você se comunica? Acredita comunicar-se adequadamente em quais momentos: quando diz sua opinião a outro, quando a outra pessoa fala e você escuta, quando consegue fazer sua opinião prevalecer ou quando se mostra flexível e aceita as opiniões da outra pessoa? A resposta pode ser: todos esses fatores devem ser, em parte, considerados, pois a comunicação é essencial para que possamos atingir nossas metas.

A comunicação envolve muitos fatores, mas, inicialmente, vamos defini-la como o processo pelo qual alguém transmite informações a uma ou mais pessoas, que entendem a mensagem recebida conforme a intenção do emissor, ou seja, o receptor entende a mensagem enviada, sem ruídos[1] e sem más interpretações.

Podemos dizer que a comunicação envolve três aspectos: pessoas, significado e símbolos, como se observa na Figura 1.1. Esses elementos são interdependentes, impactando positiva ou negativamente em todo o processo.

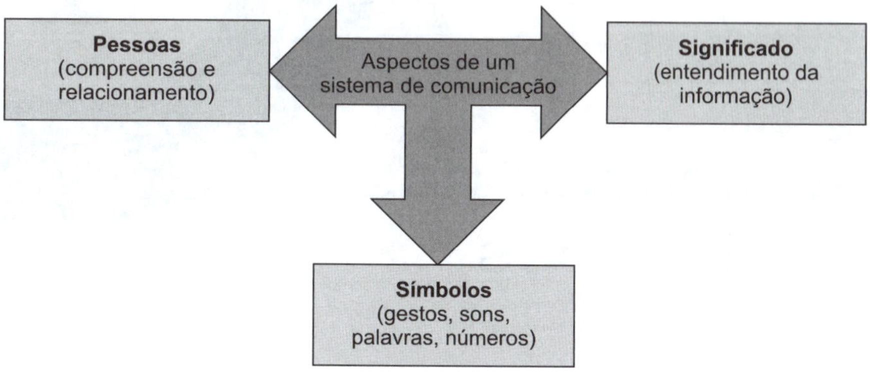

Figura 1.1 - Os aspectos de um sistema de comunicação interagem continuamente.

As pessoas se relacionam por meio de um processo de comunicação. Elas são os agentes que provocam a comunicação, gerando e recebendo informações. Nesse processo, é importante que o emissor e o receptor estejam familiarizados com o significado dos termos da mensagem, para que haja compreensão; caso contrário, as pessoas terão entendimentos diferentes e, assim, a comunicação será prejudicada. Por fim, a comunicação também envolve símbolos, sejam as palavras emitidas oralmente e por escrito, sejam os gestos assumidos ao falar.

Comunicar-se bem favorece a constituição e a manutenção de bons relacionamentos, evita conflitos e, quando estes ocorrem, facilita a sua resolução. Por meio de um processo de comunicação as organizações divulgam seus objetivos, os gestores informam aos subordinados o que precisa ser feito e como uma tarefa deve ser realizada, além de ser possível ensinar as pessoas e aprender com elas.

Muitas organizações, no entanto, apresentam problemas de comunicação. Como exemplo, veja algumas situações comuns:

— Reunião, agora? Não fui informada.

— A empresa fechou contrato com um novo cliente? Não me falaram!

— Quer saber por que não fui ao treinamento? Não me chamaram.

— A rotina de trabalho mudou? Desde quando?

— O projeto do qual eu estava participando será cancelado? Por quê?

[1] No Capítulo 2 serão apresentadas várias questões relacionadas aos principais motivos dos ruídos nos processos de comunicação.

Esses exemplos retratam problemas típicos de comunicação nas organizações, bem mais frequentes do que imaginamos. Quantos constrangimentos as pessoas têm por falta ou falha de comunicação! Tudo isso gera conflitos, desmotivação, perda de propósito na execução das atividades, sentimento de exclusão, entre outros aspectos que afetam diretamente o desempenho da organização.

A comunicação nas organizações tem, entre outras, as seguintes finalidades:

» Distribuir as atividades delegadas pelos gestores;
» Transmitir os planos de trabalho a todos os envolvidos;
» estabelecer os relacionamentos;
» transmitir informações às partes interessadas;
» divulgar decisões para que elas sejam implementadas.

Existem muitas formas de comunicação: fala, escrita, expressões corporais etc. Muitos profissionais optam pela utilização de um sistema de comunicação oral, pois acreditam que é a melhor maneira de interagir com as pessoas e obter um retorno adequado. Nos próximos capítulos, vamos abordar as vantagens e as desvantagens de cada um dos tipos de comunicação. Segundo Stoner (1985), de 66 a 80% do trabalho dos gestores usam seu tempo de trabalho com comunicação oral.

Fique de olho!

Algumas organizações consideram o processo de comunicação tão importante que criam mecanismos para verificar se as informações internas estão circulando corretamente e em tempo hábil. Elas criam canais de pesquisa internos e conferem aleatoriamente, em diferentes áreas, se a informação chegou adequadamente ao destino.

1.2 Como lidar com as barreiras no processo de comunicação

Uma comunicação é considerada eficaz quando a mensagem enviada é recebida conforme a intenção do emissor, ou seja, o receptor entende exatamente o que o emissor repassou. Isso significa que a mensagem enviada foi codificada, decodificada e entregue de acordo com o esperado, como mostra a Figura 1.2.

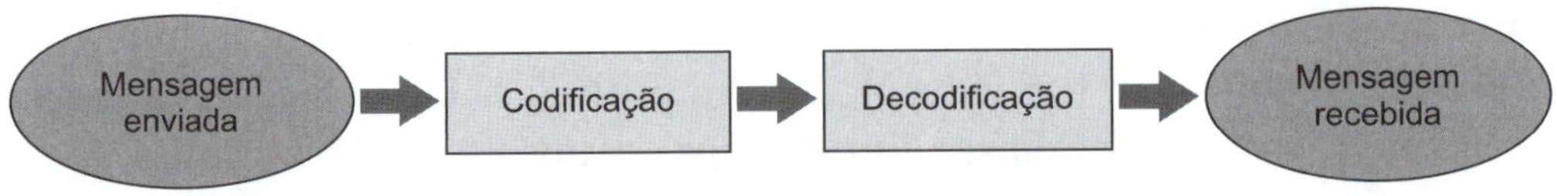

Figura 1.2 - Para uma comunicação eficaz, a mensagem deve ser bem codificada a fim de que seja decodificada (interpretada) corretamente pelo agente receptor.

A mensagem representa o que queremos repassar, transmitir, informar a uma pessoa ou grupo de pessoas. A codificação está relacionada ao entendimento dos códigos utilizados na transmissão da mensagem. Por exemplo: às vezes, para indicar que não queremos algo, movimentamos o dedo indicador para a direita e para a esquerda; trata-se de um código utilizado para reiterar uma informação que queremos passar. Também é comum usar o dedo indicador para, por exemplo, chamar o garçom. Já a decodificação consiste na interpretação da mensagem pelo receptor. Considerando o exemplo do garçom, ele entenderá que está sendo chamado; logo, decodificou a mensagem recebida, conforme a intenção de quem a enviou.

Nem sempre, porém, a comunicação é eficaz, em decorrência de algumas barreiras. A mensagem enviada pode não ser entendida por quem a recebe. Por que isso acontece? Veja os principais motivos a seguir:

» Fonte da informação: muitas vezes, avaliamos uma informação de acordo com o emissor da mensagem. Por exemplo, costumamos dizer: "quem falou isso? Então está explicado!". Somos, portanto, fortemente influenciados pela fonte da informação.

» Mensagem desconsiderada porque entra em conflito com o que acreditamos: ao receber uma crítica sobre o trabalho, podemos dizer: "isso não tem fundamento para justificar a falta de entusiasmo dos colaboradores", por acreditarmos que as condições de trabalho são adequadas.

» Predisposição para ouvir o que estamos acostumados a ouvir: estamos tão acostumados a certa mensagem que, ao ouvir uma informação contrária, simplesmente não damos importância a ela. Por exemplo: uma pessoa sempre nos critica; se ela tecer um elogio, é bem provável que interpretemos a mensagem como um ato de falsidade. O Capítulo 3 fornece mais detalhes do processo de ouvir, tendo em vista que é um dos elementos essenciais para uma comunicação eficaz.

» Pontos de vistas divergentes: as avaliações das mensagens recebidas são diretamente influenciadas por valores e crenças. Nosso ponto de vista pode ser bem diferente do de outras pessoas. Por exemplo: em alguns países, colegas de trabalho não têm o hábito de se cumprimentar com um beijo no rosto; somente pessoas mais íntimas são cumprimentadas dessa maneira. Sendo assim, ao transmitir uma mensagem, é necessário adequar nosso comportamento para que sejamos interpretados corretamente. No Capítulo 6 serão apresentadas várias dicas sobre as diferenças culturais dos países. Elas lhe ajudarão a se comunicar melhor.

» Palavras com significados diferentes: no Brasil, com tantos regionalismos, essa barreira de comunicação é muito comum. Imagine uma pessoa do Nordeste falando ao telefone com uma pessoa do Sul do país: "por favor, pegue um borrão para anotar um telefone". É bem provável que o receptor não entenda que borrão significa rascunho. Da mesma forma, apesar de falarmos o idioma português, há muitas diferenças entre os vocabulários do Brasil e de Portugal. Por exemplo, se um português falar: "pega a camisola", causará, a um brasileiro, certa estranheza. Em Portugal, camisola significa camisa. É essencial estar atento aos diferentes significados de uma palavra conforme a região.

» Sobrecarga de informações: convivemos com informações em excesso, o que dificulta a incorporação e o entendimento de toda a diversidade de mensagens recebidas por e-mails e sites da Internet, pela televisão e até por comunicados internos nas organizações. Logo, a tendência é selecionarmos o que queremos saber, entender e escutar!

Fique de olho!

A sobrecarga e o gerenciamento do excesso de informações geram uma série de problemas, tais como: inabilidade para tomar decisões, irritabilidade, dores musculares e estomacais, sentimentos constantes de desespero, insônia, perda de energia e entusiasmo. Fique atento para que você não tenha esses problemas, pois eles poderão resultar em estresse! Segundo FERRAZ (2007), o estresse pode gerar problemas de ordem emocional, de relacionamentos interpessoais e institucionais, prejudicando o seu desempenho em diversas áreas da sua vida.

» Termos técnicos: é muito comum, em cada área de conhecimento, a utilização de palavras típicas, entendidas apenas pelos profissionais do respectivo segmento. Os termos técnicos são conhecidos como jargões. Para que possamos ser entendidos, é importante avaliarmos se as pessoas com as quais vamos nos comunicar são da mesma área; caso não sejam, é preciso utilizar palavras que transmitam a mensagem sem prejuízos.

» Sinais não verbais incoerentes com a intenção da mensagem: como exemplo, algumas pessoas possuem um tom de voz naturalmente mais rude e, ao se expressarem, podem provocar uma interpretação incoerente com o que desejam transmitir. Essa situação também pode ocorrer ao conversarmos com alguém estando aborrecidos com algo, pois podemos ser indelicados mesmo sem ter a intenção. O Capítulo 4 discute as diferentes formas de promover a comunicação não verbal e verbal.

» Situações de estresse: algumas pessoas têm dificuldade para vivenciar situações estressantes. Sendo assim, mesmo que não desejem, podem acabar transferindo sua tensão a outras pessoas, o que dificulta a comunicação.

» Hábito e vício de pensamento e linguagem: alguns gestores estão tão acostumados a dizer que o trabalho a ser realizado é urgente que os colaboradores passam a ignorar os prazos, pois se habituam a pensar que essa exigência não tem embasamento. É bem provável que os profissionais não deem crédito a uma situação real de urgência. Portanto, é importante ficarmos atentos às palavras que usamos para que elas não se tornem hábitos e nem percebamos o que estamos transmitindo. Neste caso, o gestor precisaria ser mais claro sobre os prazos dos trabalhos solicitados.

Apresentamos as barreiras de comunicação mais frequentes e explicamos como elas podem ser amenizadas. Vamos, agora, indicar outras maneiras de superar os obstáculos no processo de comunicação.

» Dar e receber *feedback*: é importante transmitir suas impressões sobre determinada situação a uma pessoa envolvida e também receber dela opiniões. No Capítulo 3, vamos abordar a técnica de *feedback*, por meio da qual podemos ampliar relacionamentos; se a técnica, no entanto, não for bem empregada, podemos gerar transtornos desnecessários.

» Desenvolver a empatia: colocar-se no lugar do outro para entender a informação que ele pretende repassar é uma excelente forma de melhorar a comunicação. A empatia – não significa simpatia – consiste em desenvolver a habilidade de se colocar no lugar de outra pessoa, com o seu olhar. É uma maneira de ultrapassar a base individual de referência na análise dos problemas.

Fique de olho!

Uma das melhores formas de promover a comunicação é por meio da interação das pessoas. Por isso, capriche na melhoria do relacionamento com os outros! Invista no processo de empatia.

- Evitar a comunicação defensiva: algumas pessoas têm o hábito de se defender ou se justificar em uma conversa. Por exemplo: sempre desculpar-se por não realizar uma tarefa no prazo, justificando que isso só ocorreu porque outra pessoa fez algo que a prejudicou. Em vez de dar uma resposta defensiva ou justificar-se, é preciso verificar o que poderia ter sido feito para evitar aquela situação, ou seja, o profissional deve mostrar-se proativo.

Amplie seus conhecimentos

Proativas são pessoas que trazem para si a responsabilidade das consequências de seus atos. Elas sempre buscam melhorar sua forma de trabalho, antecipando-se aos problemas. Não se utilizam de desculpas nem de respostas defensivas para justificar seus insucessos (COVEY, 1995).

- Evitar o ataque: há pessoas com o hábito de atacar os outros em uma conversa. É uma situação muito semelhante à anterior, mas, em vez de a pessoa se defender e se justificar, ela ataca o outro e não consegue se comunicar de forma agradável e adequada.
- Demonstrar apoio: uma das formas de desenvolver harmonia no processo de comunicação com outra pessoa é identificar maneiras de apoiá-la, repassar orientações para a solução dos problemas apontados, buscar pontos positivos a respeito de certos acontecimentos etc.

Como vimos neste tópico, para promover uma boa comunicação, é preciso conhecer algumas técnicas, tais como: ter controle das próprias emoções e evitar que hábitos e vícios de linguagem prevaleçam, entre outras. Assim, conseguiremos constituir melhores relacionamentos e atingir os objetivos da comunicação. No Capítulo 2, será possível verificar que essas barreiras caracterizam os ruídos em um processo de comunicação.

1.3 Tipos de comunicação nas organizações

Podemos classificar a comunicação nas organizações conforme o sentido hierárquico, o grau de formalização, a origem e o destino. Veja, nos tópicos a seguir, como isso funciona.

1.3.1 Sentido hierárquico: vertical e diagonal

Nessa forma de comunicação, tem-se como referência a hierarquia de uma organização, como indica a Figura 1.3.

Por exemplo, quando um gestor se reporta ao subordinado, dizemos que ocorre uma comunicação vertical de cima para baixo, também conhecida como descendente. Quando o subordinado se reporta ao gestor, dizemos que ocorre uma comunicação vertical de baixo para cima, também conhecida como ascendente. Quando a comunicação ocorre entre as diversas áreas de diferentes níveis hierárquicos, dizemos haver uma comunicação diagonal, também conhecida como comunicação lateral.

Nas organizações que possuem um modelo de gestão tradicional, a comunicação mais frequente é a vertical, sempre obedecendo a cada nível hierárquico, ou seja, um diretor não se reporta a um supervisor, mas sempre ao gerente. Contudo, a comunicação vertical pode ocorrer tanto no sentido descendente como no ascendente, logo, um supervisor somente se reporta ao gerente. Dependendo da cultura da organização, caso um supervisor se reporte diretamente ao diretor, tem-se um ato de desrespeito à hierarquia, que pode gerar ruídos de comunicação e problemas de relacionamento interpessoal.

Nas organizações com modelos de gestão mais avançados, a comunicação ocorre, com mais frequência, de forma diagonal. Como política de manutenção de bons relacionamentos, porém, mesmo que a comunicação diagonal seja uma prática nas empresas, recomenda-se sempre repassar as informações para a chefia imediata, a fim de que ela possa acompanhar as ocorrências , principalmente aquelas inerentes às suas responsabilidades.

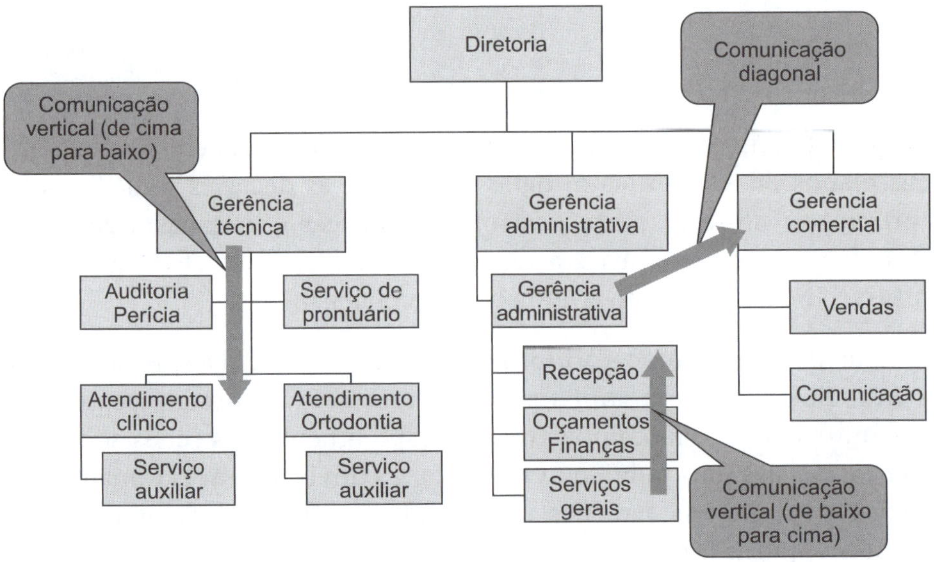

Figura 1.3 - Fluxo dos sentidos hierárquicos das comunicações nas três modalidades.

1.3.2 Grau de formalização: formal e informal

Você já deve ter escutado em algumas organizações algo como: "só realizo determinada tarefa se a ordem vier por escrito". Isso indica a necessidade de uma comunicação formal. O grau de formalização de uma empresa depende do seu modelo de gestão e da complexidade dos serviços envolvidos em determinado processo de comunicação. As comunicações formais também obedecem rigorosamente aos níveis hierárquicos de uma organização.

Em alguns segmentos, como na área pública, é adequado formalizar a comunicação, pois, assim, mantém-se o histórico das ocorrências e os processos administrativos se tornam mais transparentes, bem como as dúvidas são facilmente identificadas e corrigidas.

A comunicação informal é ágil, desburocratizada e dinâmica, fatores que podem ser positivos em determinadas situações e negativos em outras. Caso seja mal-interpretada, a comunicação pode gerar a famosa "fofoca" e, posteriormente, será difícil contorná-la. Segundo Robbins (2007), 75% dos funcionários nas organizações sabem previamente das notícias pela rede informal.

Veja na Tabela 1.1 as principais vantagens e desvantagens das comunicações formal e informal.

Tabela 1.1 - Comunicações formal e informal

Vantagens da comunicação formal	Vantagem da comunicação informal	Desvantagens da comunicação formal	Desvantagens da comunicação informal
É controlada pela organização. É considerada a expressão oficial de uma organização. Percorre os níveis hierárquicos (quando isso é um pré-requisito considerado importante).	É rápida.	É mais lenta. Caso não seja bem redigida, pode gerar dúvidas, provocando insegurança nos funcionários e diferentes interpretações.	Não é controlada pela gestão de uma organização. É mais aceita pelos funcionários, porém não garante veracidade. Favorece a individualidade de quem a promove. As informações podem ser distorcidas para beneficiar pequenos grupos. Gera conflitos desnecessários. Ocorre em todos os sentidos da organização, sem respeito aos níveis hierárquicos.

Para evitar que a comunicação informal provoque conflitos, sugere-se que a organização sempre divulgue seus planos de trabalho com datas, incluindo as decisões tomadas sobre assuntos em geral, além de promover informes sobre ocorrências internas e externas à empresa, comunicados com questões favoráveis ou desfavoráveis a respeito das estratégias definidas e discussões sobre as possibilidades futuras, inclusive se houver uma tendência negativa.

Vale considerar que a comunicação informal sempre existe. Desprezá-la e não considerá-la impactante nos negócios não é a melhor forma de lidar com a questão, principalmente nos dias atuais, em que as informações são compartilhadas rapidamente nas redes sociais e uma pequena discórdia pode se tornar assunto público. O melhor é conviver com ela, mantendo-se próximo a todas as ocorrências, para que as correções sejam rapidamente implementadas, sem gerar maiores problemas. A comunicação informal, se acompanhada de perto, pode ser uma ótima ferramenta de gestão.

1.3.3 Destino e origem: interna e externa

As comunicações empresariais também podem ser classificadas conforme sua origem e seu destino, podendo ser internas ou externas.

» Comunicação interna: gerada para o público interno da organização, refere-se a assuntos de interesse da própria empresa. A informação a ser comunicada pode ser oriunda dos ambientes externos ou internos. Essa comunicação tem vários objetivos, tais como: esclarecer sobre ocorrências externas que impactam a empresa, instruir como proceder diante de uma mudança de processo, informar sobre mudanças organizacionais etc. Em resumo, é uma informação a ser divulgada apenas para os membros internos da organização.

- Comunicação externa: recebida do ambiente externo ou emitida para o ambiente externo. Por exemplo: a empresa pode receber, da Vigilância Sanitária, um e-mail que informe sobre a nova forma de acondicionar alimentos. Essa é uma comunicação de origem externa que, por sinal, vai gerar uma comunicação interna, para que as áreas interessadas se adaptem às novas normas. Podemos imaginar, também, a seguinte situação: a empresa vai mudar de endereço; logo, ela deve emitir um comunicado a todos os seus clientes, fornecedores e parceiros. Trata-se de uma comunicação externa, mas teve como origem um fator organizacional interno.

Vale ressaltar que, se a organização tiver o funcionamento regido por uma legislação específica, ela deverá criar um mecanismo seguro para controlar todas as informações a respeito de alterações na lei. Por exemplo: as empresas aéreas devem acompanhar continuamente (diariamente) as regulamentações emitidas pela Agência Nacional de Aviação Civil (ANAC); as operadoras de telefonia devem acompanhar a Agência Nacional de Telecomunicações (ANATEL); os planos de saúde, a Agência Nacional de Saúde Suplementar (ANS).

Existem empresas especializadas em emitir informações específicas para os diferentes segmentos de negócios. Geralmente, elas acompanham todas as regulamentações emitidas de determinado setor, fazem análises das legislações e divulgam-nas aos seus clientes. É uma forma eficiente de controlar as comunicações externas que afetam os negócios.

Conforme esquematiza a Figura 1.4, perceba que as comunicações internas e externas estão muito interconectadas. Uma comunicação interna pode gerar uma comunicação externa e o inverso também é verdadeiro. O importante é que a organização monitore as informações veiculadas, a fim de controlá-las o máximo possível.

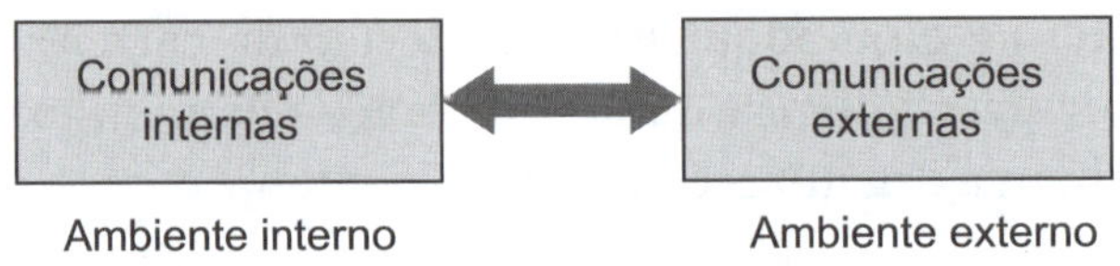

Figura 1.4 - As comunicações empresariais internas e externas sempre interagem.

No Capítulo 2, você conhecerá os canais de comunicação que podem ser utilizados pelas empresas de acordo com as diferentes necessidades.

Amplie seus conhecimentos

Algumas empresas implementam o sistema da norma ISO 9001 como forma de melhorar o seu sistema de comunicação. Nessa norma, um requisito valida como a empresa organiza e controla todas as informações oriundas dos meios externo e interno, o que afeta a qualidade do sistema de gestão. A orientação é que a empresa dissemine as informações em tempo hábil para não prejudicar o atendimento aos requisitos acordados com os clientes (ASSOCIAÇÃO BRASILEIRA DE NORMAS TÉCNICAS, 2008).

1.4 Profissionais da comunicação

Em algumas empresas, existe o Departamento de Comunicação, área responsável por gerenciar e controlar todas as informações da organização veiculadas interna e externamente. Nele ficam, geralmente, os profissionais de marketing, os assessores de imprensa, os administradores das redes sociais e os profissionais de relações públicas. Veja, em seguida, as principais atribuições de cada um desses profissionais:

- Gerente de marketing: profissional responsável por administrar, controlar e promover os mecanismos de informação que se relacionam diretamente com os consumidores, sempre observando as necessidades do mercado e compatibilizando-as com as da empresa. Ele também se preocupa com a valorização da marca da organização.
- Assessor de imprensa: responsável por intermediar a comunicação da empresa com as diversas mídias, tais como jornais, TVs, rádios, revistas e sites de conteúdo. Uma das grandes metas desse profissional é conseguir a atenção da mídia para que ela divulgue gratuitamente informações sobre a empresa que ele representa.
- Administradores de redes sociais: acompanham as redes sociais da empresa, transmitindo informações e relacionando-se com os clientes. Também compete a esses profissionais acompanhar o que outras pessoas e empresas publicam a respeito da marca da organização. Eles administram todas as informações relacionadas à empresa divulgadas na Internet.
- Relações públicas: são os profissionais que "conversam" com o mercado. Geralmente, representam a organização em eventos empresariais e sociais, congressos, entre outros, sempre levando ao conhecimento do mercado informações sobre a empresa para a qual trabalham.

Os profissionais citados possuem, normalmente, formação nas áreas de Comunicação, Jornalismo, Administração, Marketing e/ou adquiriram, ao longo da carreira, experiência para atuar em comunicação. Costumam ser de confiança da alta direção, possuem excelente perfil comunicador, além de conhecerem muito bem a organização que representam.

Em organizações de pequeno porte, é comum que essas atividades sejam realizadas pelo próprio dono da empresa ou por um único profissional, já que contratar todos os profissionais mencionados teria alto custo. Nem por isso, todavia, as funções deixam de ser exercidas. Se você observar bem, sempre há alguém, nas pequenas organizações, que desempenha uma dessas funções ou todas.

1.5 A era da comunicação e o seu impacto nas organizações

Para comentar a era da comunicação, é importante mencionar a obra *A Terceira Onda*, de Alvin Toffler, que analisa como a humanidade se organizou ao longo dos tempos, tendo como foco a relação do poder econômico e as questões sociais, culturais e políticas.

É possível extrair dessa obra o impacto das formas de comunicação em cada um dos momentos apontados pelo autor. Toffler agrupou os estágios do desenvolvimento da humanidade nas eras ou ondas agrícola, industrial e da informação (também conhecida como sociedade da informação e do conhecimento); posteriormente, outros autores, como TAPSCOTT (1997) e FRIEDMAN (2005), acrescentaram a elas a era da comunicação oriunda das inovações dos sistemas de telecomunicações, mais especificamente a Internet (TOFFLER, 1980). Conheça, a seguir, as principais características de cada um desses estágios de evolução da humanidade.

Amplie seus conhecimentos

A era agrícola compreende o período aproximado por volta de 8.000 a.C até 1.750 d.C. A era industrial compreende o período de 1750 até o seu ápice em 1955. A partir de 1955, a entrada de computadores nas empresas e na sociedade em geral não parou mais, o que caracterizou a era da informação. Em 1955, a Internet passa a ser comercializada para os civis, o que dá início a era da comunicação, era digital.

Onda/era agrícola

- Fonte de riqueza: cultivo da terra e conquistas territoriais.
- Sistema de produção: terra, produtos agrícolas e sementes; o trabalho braçal era o grande responsável pela produção de energia.
- Produção em baixa escala: baseada na subsistência e a produção artesanal (manual), atendendo a cada necessidade de consumo.
- Produtor: artesão, que também era considerado "dono" do próprio negócio.
- Visão do processo: sistêmica; o artesão era responsável por todo o processo produtivo; logo, ele o conhecia do começo ao fim, incluindo compras, venda e assistência pós-venda.
- Valorização do ser humano: trabalho físico e muscular; força física.
- Forma de comunicação: oral (presencial) e escrita (papiros, registros em cavernas, entre outros).

Onda/era industrial

- Fonte de riqueza: produção industrial e comércio de bens.
- Sistema de produção: fábricas, máquinas e equipamentos, matéria-prima, energia, trabalho do homem e capital financeiro, recurso financeiro disponível, podendo ser em dinheiro em espécie ou em ativo patrimonial (prédios, equipamentos, máquinas).
- Caracterização da riqueza: número de prédios, equipamentos, funcionários, inventário – o que fosse considerado tangível.
- Visão do processo: cartesiana, fragmentada e especializada. O importante era ter uma visão aprofundada das partes.
- Valorização do ser humano: com base na obediência às regras e instruções; disciplina e força física.
- Constituição familiar: núcleo familiar constituído por marido, esposa e filhos.
- Ciclo de vida dos produtos e das empresas: produtos com longa durabilidade; empresas com estabilidade e longevidade.
- Poder da mídia: centralizado em poucas organizações.

» Forma de comunicação: oral, escrita, por meio da imprensa, do rádio e da televisão. Nesse período, a comunicação era concentrada em poucas e grandes emissoras, que centralizavam o poder.

Onda/era da informação

» Fonte de riqueza: informação e conhecimento. À medida que o conhecimento se faz presente, os demais meios (terra, capital, equipamentos) se tornam menos importantes.

» Sistema de produção: produção em pequenos lotes e em menores escalas, conforme a necessidade do cliente.

» Caracterização da riqueza: o mais importante é "intangível", o que torna difícil a mensuração. Anteriormente, a riqueza era medida em função dos recursos físicos e financeiros disponíveis, o que tornava mais fácil sua quantificação.

» Valorização do ser humano: trabalhador que participa, pensa e é criativo.

» Constituição familiar: novas formas de organização familiar; por exemplo, famílias constituídas por pessoas do mesmo sexo.

» Poder da mídia: descentralizado, com a participação de várias organizações e canais.

» Ciclo de vida dos produtos e das empresas: curto; os produtos se tornam cada vez mais descartáveis e as organizações passam por fusões, compras e vendas.

» Sistema de produção: baseado na rapidez (*just in time*) e em sistemas complexos de informação e comunicação. O planejamento é cada vez mais valorizado por antecipar problemas e, consequentemente, sua solução.

Fique de olho!

Just in time é uma técnica da área da Qualidade em que a produção somente é realizada quando é feito o pedido pelo cliente, visando não produzir estoques de produtos acabados ou intermediários. Portanto, o prazo para produções *just in time* são curtos e flexíveis para se adaptar às necessidades do mercado (LOBO, 2010).

» Forma de comunicação: oral, escrita, por meio da imprensa, do rádio e da televisão. Início da descentralização dos meios de comunicação. Disseminação das redes de computadores; ampliação das comunicações por satélite e fibra óptica.

Amplie seus conhecimentos

A era da informação também é conhecida como era da informação e do conhecimento ou sociedade da informação e conhecimento, pois logo se percebeu que não basta ter informações; é necessário saber utilizá-las para tomar decisões, resolver problemas e gerar algum benefício para a sociedade como um todo. Conhecer significa saber usar a informação (TAJRA, 2010).

Onda/era da comunicação

Atualmente, tem-se a onda ou era da comunicação, que se refere aos avanços das áreas de informática e telecomunicação. Essa era tem as seguintes características:

- crescente conexão entre os computadores (redes de computadores);
- rapidez na transmissão das informações pelas redes de comunicação;
- fortes parcerias realizadas entre as empresas para que possam desenvolver suas atividades;
- funcionários inovadores são valorizados;
- aumento da taxa de mortalidade das empresas;
- ser humano valorizado pela sua capacidade de inovação e criação.

Os grandes períodos de desenvolvimento da humanidade relacionam-se aos avanços da comunicação: a evolução da escrita, o sistema de impressão de Gutenberg, a capacidade de navegação, o telégrafo, o telefone e o satélite, entre outros instrumentos de comunicação.

Hoje, com a Internet, usada até em meios móveis, como celulares e smartphones, informações são trocadas quase instantaneamente.

Ela possibilita a comunicação em tempo real, também conhecida como comunicação síncrona; é o caso do programa Skype, das salas de bate-papo, entre outros sistemas. Existe, também, a comunicação assíncrona, que permite transmitir informações a pessoas de outros locais, que podem não acessá-las de imediato, mas conseguirão visualizá-las assim que acessarem o sistema de comunicação; é o caso do e-mail e das mensagens enviadas a usuários *off-line* (que não estão em rede em tempo real).

Por meio desses sistemas, podemos ter quatro formas de comunicação: entre uma pessoa e outra, entre uma pessoa e várias, entre membros de um grupo para uma pessoa ou, ainda, entre grupos diferentes, conforme a Figura 1.5.

Figura 1.5 - Diferentes possibilidades de comunicação.

A Internet mudou os paradigmas da humanidade com relação a tempo e fronteira física: podemos nos comunicar, virtualmente, de qualquer local e a qualquer momento. Ela criou outro espaço para o desenvolvimento de negócios, o virtual, além de modificar drasticamente a forma de atuação de muitos segmentos. Observe alguns exemplos na Tabela 1.2.

Tabela 1.2 - Alguns impactos da Internet sobre os negócios

Negócios/segmentos	Impactos e algumas mudanças
Bancos	Muitas operações bancárias são realizadas por meio dos sites dos bancos.
Correios	O foco do negócio é a entrega de mercadorias compradas por meio de comércio eletrônico. Cartas à mão são incomuns.
Fábricas de brinquedos	Cada vez mais as crianças são fãs de brinquedos eletrônicos.
Agências de publicidade	As empresas partiram para as mídias digitais da própria Internet; as agências estão se modificando e fazendo negócios de forma bem diferente, utilizando as redes sociais.
Livrarias	Muitas pessoas aderiram à compra de livros pela Internet.
Comércio em geral	Cada vez mais as lojas varejistas incorporam aos seus negócios as lojas virtuais.
Cartório	Já existem cartórios que realizam várias de suas atividades por meio de escritórios virtuais.
Educação	Pensar em educação, hoje, significa, de alguma forma, pensar em aulas e atividades escolares a distância, principalmente o e-learning, que utiliza como base de comunicação a Internet.
Turismo	De forma geral, a compra de passagens aéreas, as reservas nos hotéis e as pesquisas de roteiros de viagem são realizadas por meio da Internet.
Serviços de recrutamento e seleção de pessoas	Anteriormente, para participar do processo seletivo de uma organização, era preciso ir até a empresa ou enviar o currículo pelo correio. Hoje, devemos nos cadastrar nos sites das organizações e fazer boa parte do processo seletivo pela Internet.

A globalização refere-se ao intercâmbio cultural e econômico entre países, possível graças à informatização, entre outros fatores. Friedman (2005) usou um termo diferente para citar a globalização. Para explicar o encurtamento das relações entre pessoas e entre países, de forma geral, ele diz que o mundo está planificado, ou seja, estamos cada vez mais em um mesmo patamar de possibilidades e acessos, decorrente dos sistemas de comunicações, principalmente a Internet. Profissionais de diferentes segmentos podem prestar serviços inclusive a outros países, sem sair de sua residência. Empresas podem controlar melhor suas filiais, mesmo que a alta direção esteja concentrada na matriz. Desta forma, entende-se que o mundo não está circular, como a forma do próprio planeta Terra, uma vez que todos estão no mesmo patamar, desde que tenham acesso às informações e ao sistema de comunicação.

kentoh/Shutterstock.com

Figura 1.6 - Representação do mundo planificado (nivelamento das relações entre as pessoas de todos os países) pelas redes digitais.

A Internet não só promoveu mudanças nos negócios já existentes, como proporcionou a criação de vários serviços e empregos; também vem desenvolvendo diferentes habilidades e competências profissionais.

1.6 Comunicação socialmente responsável

Você já deve ter percebido como é complexo o processo de comunicação. Ele depende de vários fatores: alguns já foram apresentados; outros serão explicados nos próximos capítulos.

Além de todos os aspectos citados, é importante ressaltar que uma comunicação malconduzida pode gerar problemas de ordem ética e legal. Por exemplo: transmitir um e-mail com acusações sobre determinada pessoa pode resultar em um processo judicial por difamação e pedido de danos morais, em virtude da exposição da pessoa a situações desagradáveis.

Repassar informações incertas sobre um produto pelo canal de propaganda de uma empresa, gerando problemas ou não para o consumidor, é considerado antiético, além de poder gerar penalidades legais, por afetar o direito do consumidor de ter informações incorretas sobre os produtos adquiridos.

As mensagens repassadas devem ser consistentes, evitar dúvidas e não podem ser contraditórias. Por isso, algumas empresas possuem departamentos que gerenciam todas as informações divulgadas, veiculando-as de acordo com os princípios éticos e morais.

Um texto redigido de má-fé, divulgando condições tendenciosas de produtos e serviços, sem critério, tendo como objetivo enganar as pessoas, pode render enormes prejuízos aos envolvidos, danificando a imagem da organização e das pessoas nela inseridas.

Vamos recapitular?

Neste capítulo, você aprendeu que a comunicação é um dos principais aspectos a serem considerados para o alcance de qualquer objetivo, pois permite transmitir ideias a outras pessoas.

Foram apresentadas algumas barreiras do processo de comunicação, as quais podem ser minimizadas e até mesmo eliminadas. Compete ao profissional estar atento às possíveis falhas de comunicação, para que possa evitá-las antes que causem maiores problemas.

Você viu, ainda, que a comunicação ocorre, nas empresas, em todos os níveis hierárquicos: ela pode ser formal ou informal, vertical ou diagonal, mas sempre deve ser gerenciada.

Por fim, percebeu como é importante que o comunicador esteja atento ao transmitir informações, para que elas não tragam problemas de ordem ética e legal. As comunicações devem gerar informações responsáveis.

Agora é com você!

1) Na escola em que você estuda, entreviste colegas e professores. Como sugestão, faça as seguintes perguntas:

   a) Você já passou por alguma situação constrangedora decorrente da falha de comunicação?

   b) Como foi essa situação?

   c) Como você se sentiu ao passar por isso?

2) Conforme vimos neste capítulo, uma das dificuldades do processo de comunicação é o entendimento de expressões típicas de certas regiões do país. Pesquise cinco palavras típicas das diferentes regiões do Brasil, fornecendo seu significado.

3) Que tal constituir um glossário com termos da área em que você atua? É uma forma de ficar atento às palavras que devem ser utilizadas com mais cuidado, pois, se o receptor não for do mesmo segmento, pode ter dificuldade para entender a sua mensagem.

4) Você já teve algum problema decorrente de comunicações informais? Se sim, quais foram as consequências? E os aspectos positivos e negativos? Como o problema foi solucionado?

5) Quais foram as principais mudanças causadas - positiva e negativamente - pela Internet no seu dia a dia?

2

Processo de Comunicação

Para começar

Neste capítulo, você conhecerá as fases do processo de comunicação e saberá como torná-lo eficaz. Também verá os principais canais de comunicação utilizados pelas empresas e entenderá como eles favorecem a divulgação da imagem das organizações. Por fim, estudará o conceito de comunicação integrada, técnica eficiente adotada pelas empresas.

2.1 Elementos do processo da comunicação

A comunicação é considerada um dos elementos essenciais para o bom desempenho organizacional. Ela vem sendo cada vez mais estudada, pois influi diretamente nas relações interpessoais e intrapessoais que afetam toda a gestão do relacionamento organizacional, seja com os clientes internos (colaboradores), seja com os clientes externos (aqueles que compram os serviços e produtos da empresa).

O processo de comunicação envolve nove elementos, que podem ser organizados em quatro grupos, conforme a Tabela 2.1:

- Os agentes da comunicação: emissor e receptor.
- As ferramentas da comunicação: mensagem e mídia.
- As funções da comunicação: codificação, decodificação, resposta e *feedback*.
- As interferências: ruídos na comunicação.

Tabela 2.1 - Elementos da comunicação

Agentes	Ferramentas	Funções	Interferências
Emissor Receptor	Mensagem Mídia	Codificação Decodificação Resposta *Feedback*	Ruídos

Cada um dos elementos da Tabela 2.1 influencia o processo de comunicação e tem um papel específico. Veja, a seguir, o significado de cada um deles:

2.1.1 Agentes da comunicação

São as pessoas que enviam e recebem as informações.

O emissor envia a informação, qualquer que seja a mensagem. É responsável por elaborar o conteúdo a ser repassado. Muitas vezes, cabe a ele definir todas as ferramentas a serem utilizadas no processo de comunicação.

O receptor é a pessoa beneficiada com a mensagem enviada pelo emissor. Ele recebe o conteúdo repassado pelo emissor.

2.1.2 Ferramentas da comunicação

Correspondem aos canais utilizados para enviar a mensagem ao receptor.

A mensagem refere-se à informação que o emissor deseja repassar ao receptor ou destinatário. Ela é formada por símbolos: palavras, desenhos e sons.

Os canais de comunicação, também conhecidos como mídias, encaminham as mensagens; podem ser cartas, vídeos, e-mails, revistas, impressos, sites, entre outros.

2.1.3 Funções da comunicação

A codificação é o processo pelo qual o emissor reproduz, em uma linguagem simbólica, seus pensamentos e suas ideias, para que a mensagem seja, então, transmitida. Por exemplo: utilizamos a voz para nos comunicar, sendo as palavras faladas os códigos utilizados; já em um texto, as palavras escritas são os códigos; em uma figura, os desenhos são os códigos. Esses códigos compõem a mensagem a ser repassada.

A decodificação refere-se ao entendimento das informações recebidas do emissor. Em outras palavras, é o que o receptor entende sobre o conteúdo recebido. Vale lembrar que nem sempre a mensagem repassada a uma pessoa ou a um grupo de pessoas é entendida efetivamente conforme a intenção do emissor, como vimos no Capítulo 1.

As reações apresentadas pelo receptor ao decodificar uma mensagem são consideradas respostas. Nesse sentido, podemos interpretar a reação - ou resposta - como a atitude da pessoa após receber determinada informação (mas sem repassá-la ao emissor).

O *feedback* somente é concretizado quando o receptor se manifesta, repassando ao emissor suas interpretações, reações e sentimentos a respeito da mensagem recebida.

2.1.4 Interferências

As interferências são os ruídos que, de alguma forma, prejudicam a interpretação da mensagem conforme o desejo do emissor, isto é, o receptor não decodifica a informação como o emissor esperava. Os ruídos podem ter diferentes causas, desde o não entendimento do significado das palavras, até distrações ao decodificar a mensagem. Por exemplo, imagine que você está assistindo a um anúncio na televisão e, em determinado momento, o celular toca. Você é, então, interrompido e perde algumas informações sobre o anúncio. Esse é um tipo de interferência.

Lembre-se

No Capítulo 1, você conheceu várias barreiras do processo de comunicação. Elas são as causas de grande parte das interferências/ruídos de uma comunicação.

Kotler e Armstrong (2007) demonstram graficamente o fluxo de um processo de comunicação, o que facilita o entendimento dos conceitos abordados. Observe a Figura 2.1.

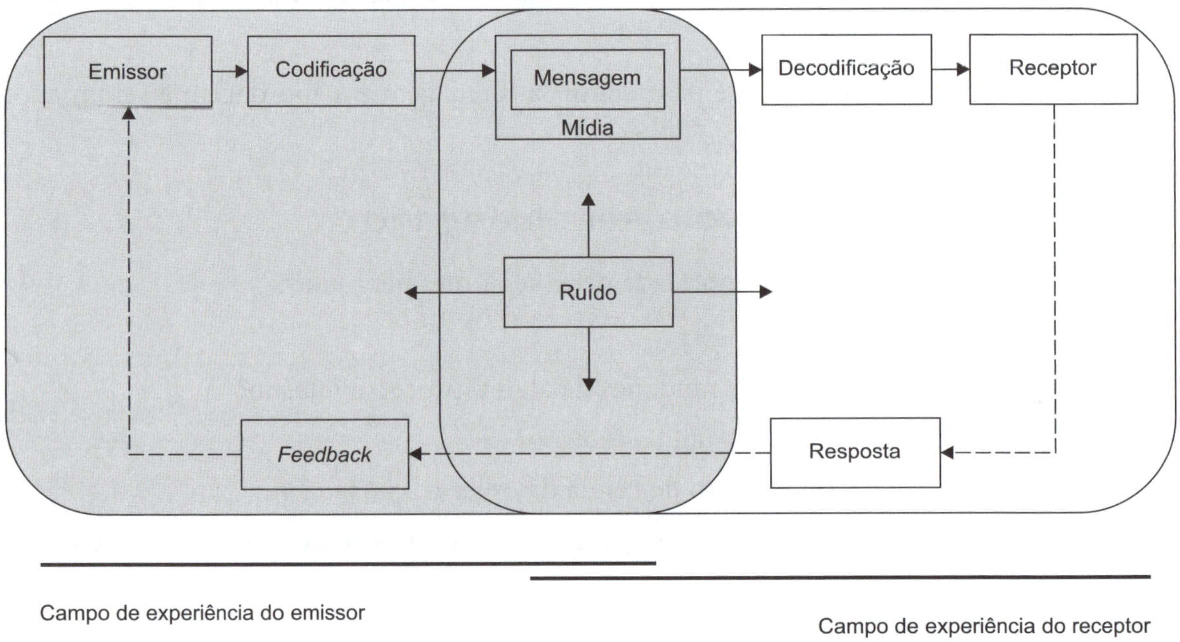

Fonte: KOTLER; ARMSTRONG, 2007, p. 361

Figura 2.1 - Elementos do processo de comunicação.

2.2 Fases do planejamento de uma comunicação eficaz

As comunicações empresariais devem ocorrer de forma planejada, sempre almejando a melhoria do desempenho organizacional. Para que uma comunicação seja considerada eficaz, o planejamento deve passar pelas fases apresentadas na Figura 2.2.

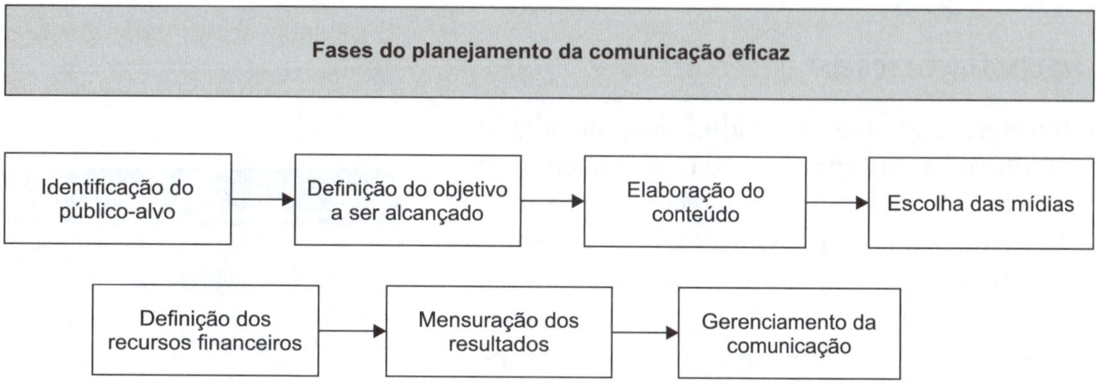

Figura 2.2 - Fases do planejamento de uma comunicação eficaz.

2.2.1 Identificação do público-alvo

O primeiro passo do planejamento de uma comunicação eficaz é a definição do público-alvo; afinal de contas, com quem vamos nos comunicar? A proposta envolve diretores, parceiros, funcionários, crianças, adultos, pais, professores? Quem será beneficiado com os conteúdos a serem transmitidos?

Essa identificação será importante para definir a linguagem e a abordagem a serem adotadas, as quais sempre devem ser adequadas ao público-alvo.

2.2.2 Definição do objetivo a ser alcançado

A definição do objetivo pode ser norteada pelas seguintes perguntas:

- O que se deseja comunicar?
- Será uma informação sobre a mudança de algum processo interno?
- Será um comunicado para o público externo?
- A ideia é estimular um processo de venda da organização?
- É apenas uma informação de cunho geral sobre a utilização de produtos/serviços?

2.2.3 Elaboração do conteúdo

O conteúdo a ser repassado deve ter relação direta com o público-alvo e com o objetivo pretendido. Utilize as seguintes perguntas para nortear a elaboração do conteúdo:

- Que informação precisamos repassar?
- Como será repassada? Terá apelo publicitário? Será uma comunicação formal?

» Quando deve ser veiculada? Por quanto tempo?
» Qual a validade da informação repassada? Essa informação tem prazo de vigência?
» Quem será beneficiado com as informações?
» Quem participará da elaboração das informações?
» Por que é importante repassar a informação?
» Isso envolve recursos? Informe aos beneficiados se haverá ou não gastos.

Após ter todos esses dados disponíveis, elabore o conteúdo, que pode contar, inclusive, com textos, imagens e sons.

2.2.4 Escolha das mídias

A escolha das mídias relaciona-se com os canais de comunicação que serão utilizados. Verifique a melhor forma de transmitir a mensagem desejada: por ofício, telefone, e-mail, carta, anúncio em jornais e revistas, televisão, rádio etc.

2.2.5 Definição dos recursos financeiros

É uma das decisões mais difíceis de serem tomadas; afinal de contas, quanto se pode gastar com as comunicações de uma organização? Não existe um padrão preestabelecido, até porque cada empresa tem uma estrutura de custos com base em suas necessidades.

De forma geral, as organizações estabelecem os gastos conforme a importância do investimento, por meio das seguintes metodologias (KOTLER; KELLER, 2006):

» Método dos recursos disponíveis: a empresa gasta o que considera possível dentro de sua realidade, de acordo com a importância do processo.
» Método da porcentagem das vendas: especifica-se um percentual sobre as vendas e, conforme o valor obtido, define-se o orçamento.
» Método de comparação com a concorrência: como as empresas estão sempre de olho na concorrência, muitas vezes a definição de gastos terá como base o desempenho da concorrente ou o investimento feito por ela para divulgar e comunicar suas atividades.
» Método de objetivos e tarefas: algumas organizações estabelecem claramente seus objetivos e, para alcançá-los, liberam as verbas conforme a necessidade.

A definição dos recursos financeiros pode afetar a escolha das mídias. Sempre é necessário adequar o orçamento às mídias utilizadas.

2.2.6 Mensuração dos resultados

A empresa deve criar mecanismos para verificar se os resultados desejados com a comunicação foram atingidos ou não. Por exemplo, se a empresa encaminha uma correspondência a todos os seus clientes solicitando seu recadastramento, ela pode mensurar quantos clientes alteraram os cadastros.

Quando a empresa investe em mídias televisivas para aumentar as vendas, por exemplo, ela pode verificar, depois de um período, o retorno obtido com a divulgação. Se ela optar por se comunicar com os clientes por telemarketing, pode conferir, após determinado processo, quantos clientes responderam a uma pesquisa de satisfação.

Conforme o objetivo da comunicação, é preciso criar uma forma de identificar se o propósito foi ou não alcançado.

2.2.7 Gerenciamento da comunicação

Trata-se da última fase do planejamento de uma comunicação eficaz, essencial para o resultado satisfatório de todo o processo. É necessário gerenciar todas as fases e, se necessário, mudar em tempo hábil as ações planejadas. Esse gerenciamento pode ser feito por apenas um profissional ou por uma equipe, de acordo com a demanda da empresa.

Fique de olho!

No Capítulo 5, você aprenderá a elaborar uma apresentação. Na ocasião, muitos dos conceitos apresentados neste tópico serão revistos.

2.3 Canais de comunicação: uma visão do marketing

As atividades de marketing em uma empresa dependem de um bom sistema de comunicação. Quando nos referimos ao contexto do marketing, dizemos que os principais mecanismos de comunicação utilizados são:

- Propaganda: consiste em divulgar as ações de uma empresa, conforme seus produtos e serviços.
- Promoção de vendas: são os estímulos propostos pelas empresas para aumentar suas vendas.
- Relações públicas: profissionais que representam as empresas em eventos, reuniões externas ou quando a organização recebe convidados.
- Assessoria de imprensa: responsável pela comunicação com a imprensa por meio de *releases* (informes).
- Eventos e experiências: atividades promovidas pela organização para relacionar-se com o mercado, tais como: feiras, congressos, patrocínios e eventos em geral.
- Marketing direto: comunicações realizadas por mala direta e por telemarketing. Esse sistema tem como principal característica promover uma comunicação personalizada, atualizada e interativa.
- Vendas pessoais: sistema pelo qual a empresa se relaciona diretamente com os clientes. Por meio desse sistema de comunicação, a empresa consegue maior interação pessoal, aprofundando os relacionamentos e obtendo respostas rápidas de suas ações.

No contexto do marketing, vale ressaltar que a melhor decisão é integrar todos os canais de comunicação, sempre que possível, pois cada cliente tem uma preferência ou demanda um tipo específico de abordagem. Por exemplo, algumas pessoas sentem mais confiança nas informações transmitidas em feiras e congressos, enquanto outras aceitam bem as informações veiculadas na televisão e no rádio. O uso integrado dos canais de comunicação é conhecido como comunicação integrada de marketing.

Vamos recapitular?

Neste capítulo, você aprendeu as principais fases do processo de comunicação: agentes (emissor e receptor), ferramentas (mensagem e mídia), funções (codificação, decodificação, resposta e *feedback*) e interferências (ruídos), fundamentais para uma comunicação eficaz.

Compreendeu que um processo de comunicação eficaz deve ser planejado, considerando o público-alvo, o objetivo da comunicação, o conteúdo a ser repassado, a definição das mídias, os recursos financeiros disponíveis, os indicadores de desempenho do processo realizado e o gerenciamento de todas essas fases.

Por fim, percebeu que a comunicação é um dos elementos mais importantes do processo de marketing e que, para atender às demandas do mercado, ela pode acontecer por meio da integração de várias ferramentas: propaganda, promoção, eventos, experiências, marketing direto, vendas pessoais, assessoria de imprensa e relações públicas.

Agora é com você!

1) Vamos colocar em prática os conceitos aprendidos neste capítulo? Imagine a seguinte situação: a sala de aula em que você estuda participará de uma feira na escola. De acordo com o tema escolhido pela classe para ser apresentado na feira, responda:

   a) Quais são os componentes de cada fase do processo de comunicação? Detalhe todos os elementos constitutivos: agentes, ferramentas, funções e possíveis interferências.

   b) Para que todas as atividades previstas sejam realizadas adequadamente, a fim de alcançar uma comunicação eficaz, elabore um planejamento dessa comunicação, conforme cada um dos passos apresentados neste capítulo.

   c) Ao pensar na comunicação como instrumento de marketing, que opções você utilizaria para se comunicar com o mercado? Defina o que será realizado em cada um dos instrumentos escolhidos.

3

Desenvolvimento de Comunicações Eficazes

Para começar

Neste capítulo, você conhecerá alguns aspectos do meio organizacional que podem favorecer uma comunicação eficaz: as interações colaborativas e cooperativas; o processo de *feedback* (troca de informações entre pessoas sobre ocorrências em geral); os conflitos nas organizações (como lidar com eles para obter vantagens); o saber ouvir (elemento essencial do bom entendimento entre as partes); a estratégia de *rapport* (para criar sinergia entre as partes envolvidas). Com todas essas informações, será possível constituir um processo de comunicação direto e assertivo.

3.1 Comunicações eficazes: interações colaborativas e cooperativas

A comunicação eficaz é um dos elementos que impactam diretamente nos relacionamentos interpessoais nas organizações. Envolve o diálogo entre as pessoas e, portanto, as interações desenvolvidas.

Organizações em que a comunicação é eficiente possuem um clima mais favorável à obtenção dos resultados esperados. O clima organizacional influi diretamente na qualidade dos relacionamentos entre as pessoas e os grupos de trabalho, contribuindo para a motivação e a produtividade, além de estimular a criatividade e a inovação.

Quando nos referimos às comunicações eficazes, partimos do pressuposto de que elas são bidirecionais: promovem conhecimento, fortalecem vínculos e geram aprendizado nas organizações. Em outras palavras: elas permitem interações. Observe a Figura 3.1 para entender melhor.

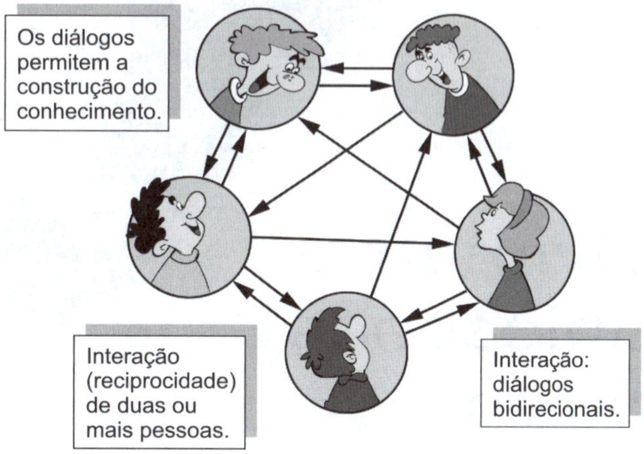

Fonte: TAJRA, 2002, p. 61.

Figura 3.1 - A interação é essencial para uma comunicação eficaz.

As interações formam um dos alicerces do desenvolvimento organizacional sustentável, pois afetam a forma como as pessoas se comportam e se relacionam. Interações eficazes mudam as atitudes das partes envolvidas em todo o processo de comunicação. Por meio das relações interpessoais e intrapessoais é possível perceber a troca e a construção de conhecimentos nas organizações, o que leva a um ambiente voltado para o aprendizado e para a melhoria contínua.

Essas interações são ativadas por estímulos externos, que podem provocar mudanças nas organizações e nos indivíduos. As interações internas podem gerar, ainda, mudanças externas ao meio na qual a empresa está inserida.

No âmbito interno, a interação nas organizações alimenta a simpatia e a confiança entre as pessoas. Já no âmbito externo, as organizações interagem umas com as outras e com o mercado de diferentes formas: associações de classes, feiras, congressos, disputa por clientes etc., podendo provocar mudanças internas ou externas.

Podemos dizer que as interações eficazes favorecem o aprendizado e modificam os envolvidos mutuamente. Nesse caso, a interação é circular, como indica a Figura 3.2, ou seja, a mensagem transmitida pelo emissor é entendida adequadamente pelo receptor; a partir disso, os diálogos são desenvolvidos e aperfeiçoados, gerando melhores vínculos e fortalecendo as relações interpessoais.

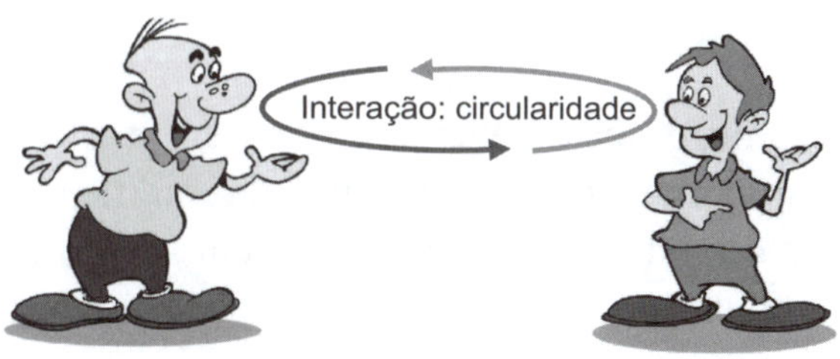

Fonte: TAJRA, 2002, p. 62.

Figura 3.2 - Interação circular entre emissor e receptor.

3.1.1 Tipos de interação

As interações consideradas eficazes podem ser classificadas em colaborativas e cooperativas. Neste tópico, vamos conceituar cada uma delas e explicar como estão inter-relacionadas.

Nas interações colaborativas, os membros de um grupo podem interagir com outros grupos que tenham objetivos diferentes. No caso, não necessariamente as pessoas trabalham pelo mesmo objetivo, mas colaboram umas com as outras. A colaboração é altruísta, solidária, desprendida de ganhos individuais.

A Figura 3.3 representa a interação colaborativa:

Fonte: TAJRA, 2002, p. 65.

Figura 3.3 - Exemplo de interação colaborativa.

As letras X, Y e Z indicam os objetivos de cada personagem. Tendo em vista que os membros estão interagindo, eles podem, naturalmente, colaborar uns com os outros para a obtenção dessas metas individuais, identificadas, na Figura 3.3, por setas e formas geométricas.

Em uma organização, profissionais de diferentes departamentos podem ajudar uns aos outros, mesmo que tenham propósitos distintos. Nesse caso, dizemos que ocorre colaboração. Se pensarmos, porém, no objetivo organizacional como um todo, dizemos que a interação é de cooperação.

As interações cooperativas são sinérgicas, cujos ganhos podem ser superiores aos das ações individuais. Elas envolvem o trabalho conjunto, a fim de alcançar um objetivo comum de um grupo de pessoas. Incluem, para isso, posturas colaborativas entre as pessoas envolvidas.

Para que as interações cooperativas ocorram, os seguintes elementos são necessários: competência dos membros do grupo, respeito mútuo, confiança, linhas claras de responsabilidades (sem restrições), aceitação das decisões tomadas (com a ciência de que nem todas precisam ser baseadas em consenso), comunicação contínua e espaços para compartilhar informações e experiências, como demonstrado na Figura 3.4.

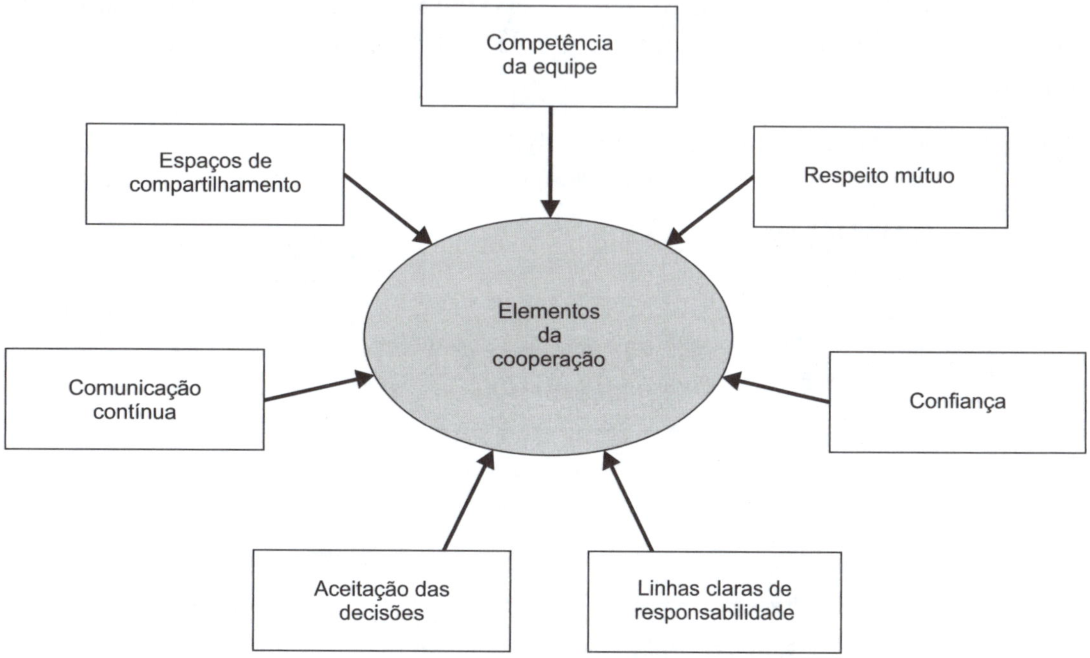

Figura 3.4 - Elementos essenciais da cooperação.

Para que haja cooperação, ainda é preciso definir objetivos comuns, tolerância com as outras pessoas do grupo, ações de negociação constantes, além de saber conviver com diferenças e com uma liderança mutável, conforme as competências e habilidades de cada membro do grupo.

Podemos dizer que cooperar é agir em conjunto; já colaborar consiste em agregar as ações para atingir um determinado objetivo.

As organizações devem estimular as interações cooperativas e o desenvolvimento compartilhado, pois favorecem a troca de conhecimentos, respeitando sempre valores preestabelecidos, a fim de manter ações conjuntas e favorecer atitudes espontâneas.

A diferença fundamental entre os conceitos de colaboração e cooperação é que, para existir colaboração, o indivíduo deve interagir com outro, havendo ajuda mútua ou unilateral; a colaboração é um estágio para se chegar à cooperação. A comunicação eficaz é, portanto, colaborativa e cooperativa. Essas são as características que constituem a eficácia da comunicação, como demonstrado na Figura 3.5.

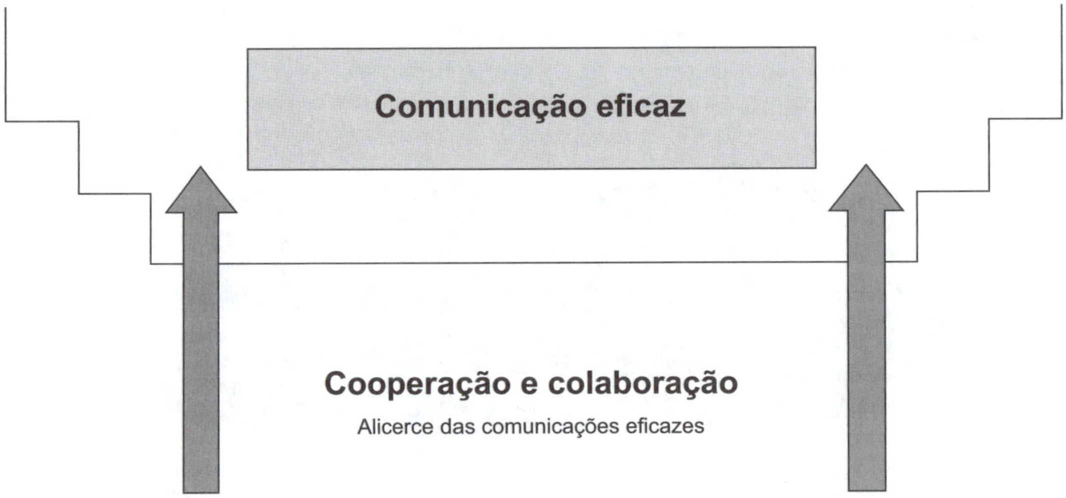

Fonte: TAJRA, 2002, p. 67.

Figura 3.5 - Características de uma comunicação eficaz.

Segundo Tajra (2002), para que haja interações cooperativas entre os membros de uma organização ou de qualquer outro grupo social, é necessário considerar:

» Escala comum de valores: os membros devem possuir valores e conceitos em comum. Mesmo que as percepções sejam diferentes, vale ressaltar que isso não impede a troca de ideias, pois a correspondência entre as partes deve caracterizar-se pelo respeito mútuo e pelo equilíbrio. Nas organizações, para que os valores sejam entendidos e compartilhados por todos, costuma-se criar uma carta com os principais valores da empresa, para que cada profissional empregue-os como norteadores de condutas e comportamentos.

» Flexibilidade: as ações estão sempre em processo; precisam ser sempre melhoradas. Os conceitos são compartilhados e discutidos com todos, sofrendo adequações sempre que isso favorecer a organização.

» Relações democráticas: participação igualitária de todos os membros, definindo-se responsabilidades mútuas.

Com isso, pode-se observar que os fatores determinantes do equilíbrio cooperativo são: ações e valores em comum, operações conjuntas, intencionalidades afins, sinergia, trabalho coletivo, igualdade de direitos, reciprocidade entre personalidades diferentes, respeito mútuo, reversibilidade, flexibilidade e liderança situacional.

A seguir, são apresentadas duas formas de interação cooperativa baseadas nos conceitos abordados. Na Figura 3.6, as pessoas realizam suas tarefas ao mesmo tempo, ou seja, as ações são simultâneas. Na Figura 3.7, as ações ocorrem em tempos diferentes, mas procuram atingir os mesmos objetivos.

Fonte: TAJRA, 2002, p. 69.

Figura 3.6 - Modelo 1 de interação e atitude cooperativa: colaborações individuais e simultâneas para obtenção de objetivo comum.

Na Figura 3.6, verifica-se que as ações foram realizadas simultaneamente por cada participante do grupo, a fim de atingir o objetivo coletivo, o que foi possível em razão da atitude cooperativa, obtida pelo esforço individual colaborativo.

Na Figura 3.7, observa-se, também, o objetivo coletivo alcançado por meio da colaboração individual, porém em momentos diferentes, caracterizando uma forma de cooperação.

Imagine três atletas interagindo para definir as regras da corrida e as ações para a chegada ao pódio.

O atleta 1 tem como tarefa percorrer a primeira distância X.

O atleta 2 tem como tarefa percorrer a segunda distância X.

O atleta 3 tem como tarefa percorrer a terceira distância X.

Pode-se concluir que o objetivo coletivo é obtido com a cooperação de todos.

Fonte: TAJRA, 2002, p. 69.

Figura 3.7 - Modelo 2 de interação e atitude cooperativa: colaborações individuais, em momentos diferentes, para a obtenção do objetivo comum.

O processo de comunicação eficaz ocorre por meio das interações colaborativas e cooperativas, como estudamos. Para o sucesso dessas interações, não se deve estimular relações de competição, pois uma das partes envolvidas será vencedora, enquanto a outra será perdedora. Toda competição remete a perdas.

Competição é o oposto de colaboração e cooperação. Significa impedir que uma das partes atinja o objetivo estipulado, já que somente um poderá chegar aos resultados almejados e obter suas vantagens.

No âmbito empresarial, é muito comum utilizar o termo competitividade, que tem significado diferente de competição. Competitividade é a capacidade que uma pessoa ou organização possui de manter alta performance, inovar e melhorar continuamente para o alcance das metas, estar apta a atuar nas novas demandas do mercado etc.

Vale salientar que os resultados de uma empresa são obtidos por meio da colaboração e da cooperação de uma equipe toda; não existem resultados individuais sustentáveis. Eles acontecem pelos esforços da equipe.

3.2 *Feedback*: respostas para melhorias

O *feedback* é uma estratégia muito utilizada no meio organizacional. Ocorre quando uma pessoa transmite a outra suas impressões sobre alguma situação vivenciada, podendo ser uma observação positiva ou negativa.

Ele é essencial para o desenvolvimento profissional, pois sinaliza, por meio da opinião de outros envolvidos, a nossa forma de conduzir as situações; ele permite saber como somos vistos pelos outros.

Nem sempre o que pensamos é o mesmo que outras pessoas veem; nem sempre o que acreditamos transmitir aos outros é realmente percebido por eles. As pessoas com quem convivemos podem ter pontos de vista diferentes. Por exemplo, nossos pais nos veem de uma forma; nossos amigos, de outra; os colegas de trabalho, de outra e assim por diante.

Para ilustrar alguns aspectos que afetam o processo de *feedback*, vamos propor duas reflexões que podem mudar sua maneira de pensar a respeito de si mesmo. Acompanhe a seguir:

Situação 1

Imagine que você seja um adolescente que se encontra em uma fase rebelde e que esteja em busca da sua própria identidade. É bem provável que você acredita ser uma pessoa flexível, com ideias avançadas e inovadoras; alguém com visão crítica dos fatos. Sendo assim, você não se sente acomodado; não adere cegamente às regras sociais. Ao menos tem convicção de transmitir aos outros essa imagem. As pessoas, porém, não o percebem dessa forma. Elas o consideram imaturo; um adolescente que ainda não viveu a vida por completo.

Situação 2

Você precisa ir a um velório. Ao chegar lá, encontra seu pai e sua mãe chorando, seu vizinho feliz, seus amigos calados, seu primo gargalhando e seus professores conversando. Ao aproximar-se do caixão, percebe que você é o defunto! Como você analisaria as diferentes reações das pessoas? Quais o deixariam mais confortável?

A forma como as pessoas nos veem é resultado da imagem que constituímos ao longo de toda a vida. Esse é o verdadeiro *feedback*. O exemplo citado pode gerar muita reflexão, e a principal proposta é entender o *feedback* que recebemos.

No mundo das organizações, os *feedbacks* ocorrem a todo momento; estamos sempre expostos a receber e a dar *feedback*. A questão é: será que sabemos tecer um *feedback* sem deixar a outra pessoa constrangida? E mais: será que conseguimos escutar o que as pessoas pensam a nosso respeito? Estamos abertos para receber *feedback*?

Fique de olho!

O *feedback*, quando não for bem realizado, pode gerar muitos constrangimentos, além de colocar amizades em risco. Por isso, ele também é conhecido como "inimigoback", já que, para muitos, é uma grande arte de fazer inimigos.

Para que um *feedback* seja satisfatório e atenda ao seu propósito, é necessário haver entre as pessoas uma relação de confiança e segurança, sem que nenhuma das partes seja exposta desnecessariamente.

A ajuda por meio de *feedback* deve ocorrer nos dois sentidos, ou seja, quem dá o *feedback* também deve estar aberto para recebê-lo; caso contrário, a parte que o recebe pode se sentir em desvantagem.

O grande objetivo do *feedback* no âmbito profissional é favorecer o crescimento e a melhoria contínua do grupo de profissionais, a fim de atingir os resultados planejados. Ele é uma ferramenta para melhoria da performance; pode ocorrer entre duas pessoas, entre uma pessoa e um grupo ou, ainda, entre grupos de pessoas.

3.2.1 Passos para um *feedback* eficaz

Podemos dizer que o *feedback* positivo é aquele em que as partes estão à vontade, prevalecendo uma relação de respeito e segurança. Já o *feedback* negativo é aquele em que uma das partes se sente prejudicada ou não concorda com o *feedback* recebido.

Faça uma autoanálise:

- » Você costuma receber *feedback*?
- » Se sim, de quem?
- » Esses *feedbacks* são positivos ou negativos?
- » Quais foram os ganhos obtidos com os *feedbacks*?

Receber *feedback* é uma ótima oportunidade de aprender com as próprias experiências, contando com a percepção do outro, mesmo quando ele é negativo.

Amplie seus conhecimentos

Você conhece a Janela de Johari? É uma ferramenta criada por Joseph Luft e Harry Ingham, em 1955, a qual possibilita visualizar, em uma matriz, como os relacionamentos interpessoais ocorrem. A integração de várias partes da matriz demonstra o quanto uma pessoa está aberta para os relacionamentos ou não; também indica se a forma como ela se vê coincide com a forma como os outros a veem. Quanto maior a janela, maior a abertura da pessoa para receber *feedbacks* e maior a compatibilidade entre a forma como ela se vê e como os outros a veem (CATALÃO; PENIN, 2012).

Para conseguir as melhores oportunidades no processo de *feedback*, é importante observar as etapas apresentadas na Figura 3.8.

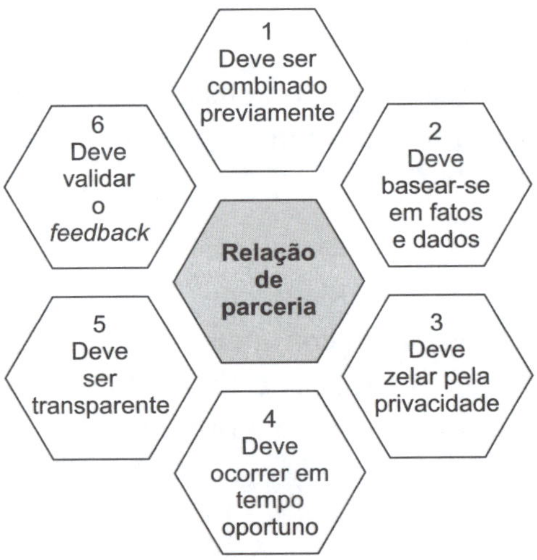

Figura 3.8 - Etapas para um *feedback* eficaz.

Etapa 1: Deve ser combinado previamente

Combinar previamente a realização de um *feedback* implica solicitar a outra pessoa um retorno sobre determinada situação, assim como outra pessoa pode oferecer a você um *feedback* por acreditar ser uma oportunidade para o seu desenvolvimento.

Podemos citar alguns exemplos:

— Olá, João! Gostaria de saber como me saí na apresentação para a diretoria. Pode tecer um *feedback*?

Ou a situação contrária:

— Olá, Adriana! Gostaria de passar a você um *feedback* sobre a apresentação que fez para a diretoria. Você deseja conhecer a minha opinião?

Se a resposta for positiva, dê continuidade ao processo; se não, espere o momento adequado. Também tenha cuidado para que o *feedback* positivo, com muitos elogios, não pareça exagerado ou uma tentativa de adular a pessoa. O *feedback* negativo, com efeito de crítica, pode gerar indisposição na relação, portanto prossiga apenas se ambas as partes estiverem confortáveis e de acordo.

Etapa 2: Deve basear-se em fatos e dados

Para realizar um bom *feedback*, aponte situações reais, com demonstração a respeito do fato ocorrido e dados concretos. Evite qualquer tipo de inferência ou julgamento. Frases como a indicada em seguida devem ser evitadas:

— Eu acho que alguém o viu fazer algo estranho na semana passada.

Perceba que a afirmação não apresenta precisão:

» A pessoa acha ou tem certeza?

» Foi na semana passada ou não?

» Quem presenciou isso?

» Que algo estranho foi feito?

Veja que restam inúmeras dúvidas; logo, a mensagem que se deseja passar não será clara nem objetiva. Um comentário como o exemplificado pode parecer maldoso e até caracterizar fofoca. Certamente, quem receber tal informação não se sentirá à vontade.

Etapa 3: Deve zelar pela privacidade

Pessoas em cargos de comando podem cometer o equívoco de chamar a atenção de seus colaboradores perante os demais colegas de trabalho. Essa situação gera constrangimento tanto para quem recebe o *feedback* negativo como para quem o presencia.

É preciso procurar um local reservado para realizar o *feedback* de forma confidencial; assim, evita-se que a outra parte se sinta cerceada.

Etapa 4: Deve ocorrer em tempo oportuno

Não dê um *feedback* negativo/crítico imediatamente após determinada ocorrência. É bem provável que a pessoa ainda esteja muito sensível com relação ao ocorrido; também não demore demais para fazê-lo, pois o longo tempo entre uma situação e o *feedback* pode anular o seu propósito. Aliás, o incômodo pode ser até pior, suscitando na pessoa alguns questionamentos:

— Por que somente agora estou sendo informado?

— Você ainda se lembra disso? Eu já tinha até me esquecido desse fato!

— Por que você guardou isso por tanto tempo?

Etapa 5: Deve ser transparente

Quem passa um *feedback* deve estar aberto para recebê-lo. Nada é mais deselegante e desigual, pelo menos no âmbito organizacional, que dar um *feedback* e não aceitar recebê-lo.

Quando você aceita um *feedback* de outra pessoa, significa que tem uma relação de transparência com ela. Isso gera mais confiança e reforça os vínculos entre as partes envolvidas.

Etapa 6: Deve ser validado

Cabe a quem recebeu o *feedback* positivo ou negativo validá-lo, verificando se, de fato, deve mudar a forma de agir ou não.

Em outras palavras, ao passar um *feedback*, a pessoa pode não considerar as observações recebidas. Se o *feedback* for negativo/crítico, é bem provável que, em um primeiro momento, ela não o aceite, mas, ao longo do tempo, certamente as observações serão consideradas.

Imagine a seguinte situação: você é gerente de uma organização e está em uma reunião com o seu diretor, mas a cada 15 minutos um subordinado interrompe a reunião, perguntando como deve resolver determinada situação com um cliente. Depois da terceira interrupção, o diretor dirige-se ao colaborador: "você pode parar de interromper a reunião e resolver o problema sozinho? Está atrapalhando a minha reunião com o seu gerente!".

Esse *feedback* negativo/crítico, realizado no momento da interrupção, pode ter gerado um grande desconforto para o colaborador, mas é bem provável que ele pense algumas vezes antes de interromper novamente uma reunião; ao mesmo tempo, a situação pode despertar nesse colaborador uma postura mais proativa para a solução de problemas.

Veja na Figura 3.9 uma representação do fluxo de um processo de *feedback*. Assim, será mais fácil visualizá-lo.

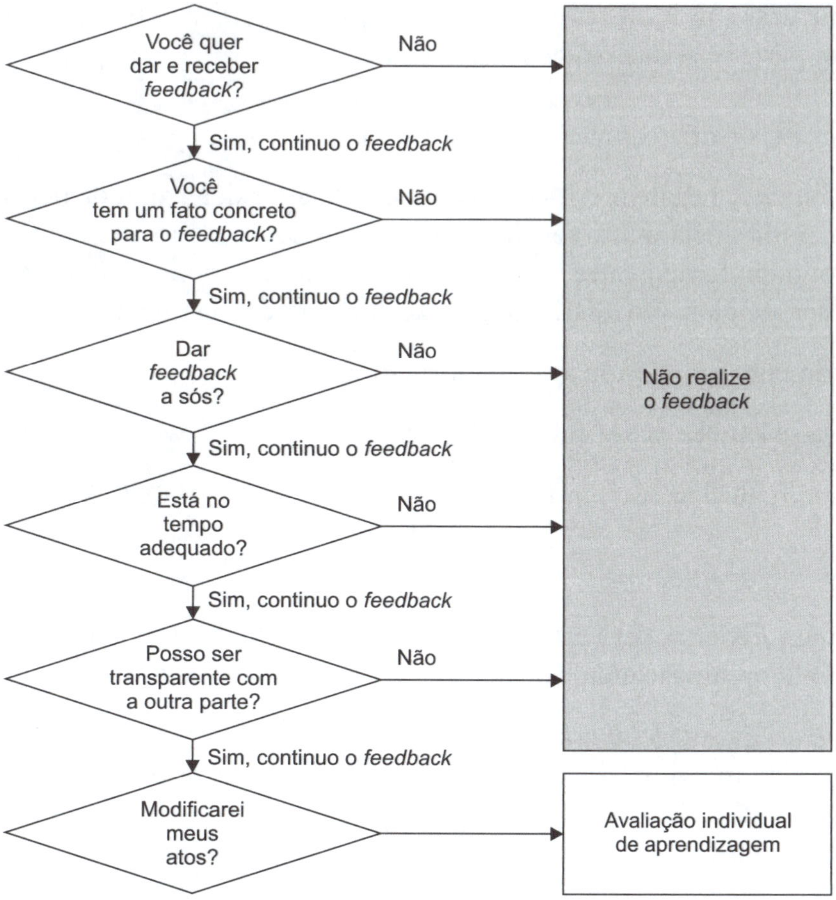

Figura 3.9 - Fluxo das etapas de um processo de *feedback* eficaz.

3.2.2 Outras considerações sobre o *feedback*

Além das questões já apontadas em cada uma das etapas necessárias a um *feedback* eficaz, vale a pena fazer mais algumas considerações:

» Quando pedimos um *feedback*, nem sempre a outra pessoa está interessada em fazê-lo, da mesma forma que a pessoa que deve recebê-lo nem sempre está disponível.

» Para fortalecer o aprendizado, é importante receber tanto *feedback* positivo/elogioso como negativo/crítico.

» Algumas pessoas não gostam de passar *feedback*, pois têm receio de serem mal-interpretadas se gerar um conflito que consideram desnecessário.

» Ao receber um *feedback*, a pessoa pode duvidar da avaliação feita, principalmente se o *feedback* for negativo/crítico.

» Caso a pessoa receba um *feedback* negativo, pode ter a reação imediata de apontar defeitos de quem a avaliou, atacando-a ou reagindo defensivamente.

» Se quiser receber bem um *feedback*, atente às seguintes orientações:

» Fique atento ao que está escutando; não interrompa a pessoa.

- Se algo não estiver claro, tire suas dúvidas no momento do *feedback*; não deixe para outra ocasião.
- Confirme se o que você entendeu é, de fato, o que a pessoa está dizendo.
- Veja o que pode ser aprendido com essa oportunidade.
- Agradeça a outra pessoa o *feedback* recebido.

Fique de olho!

Nas organizações, é muito comum utilizar a avaliação de desempenho como instrumento de *feedback*. Essa avaliação é repassada em uma conversa entre ambas as partes, a fim de discutir os pontos analisados de forma consensual. É considerada, portanto, uma situação oficial de *feedback*.

3.3 Conflitos organizacionais

Em todas as organizações existem conflitos. Em algumas empresas, eles são mais perceptíveis; em outras, nem tanto. De qualquer forma, devem ser considerados na gestão de qualquer organização. Os envolvidos precisam saber lidar com situações de conflito, convertendo-as em algo positivo.

Vamos verificar, neste tópico, as características dos conflitos nas organizações, o seu impacto sobre a comunicação empresarial como um todo e os efeitos nas relações interpessoais.

Mas, afinal de contas, o que é conflito organizacional? O que caracteriza esse tipo de conflito?

Conflito organizacional é aquele que ocorre nas empresas em geral. Quando as pessoas têm pensamentos e objetivos divergentes, pode haver choque de crenças e de condutas, pois elas percebem os fatos de maneira diferente.

Quando isso acontece, dizemos que existe um conflito. Nessa situação, é comum que cada envolvido tente fazer valer seu ponto de vista sobre os demais. Os conflitos organizacionais podem ocorrer entre duas pessoas e entre grupos.

Vamos fazer algumas reflexões sobre os conflitos?

- Em sua opinião, os conflitos são ruins para as organizações?
- Pessoas e organizações podem se beneficiar dos conflitos? Como?
- As organizações devem provocar conflitos ou reduzi-los?

Há duas formas de compreender os conflitos nas organizações: pela visão tradicional e pela visão moderna.

A visão tradicional de gestão acredita que os conflitos devem ser evitados, pois são considerados prejudiciais e demonstram que alguma situação está errada e que os gestores não estão conseguindo harmonizar as relações entre sua equipe.

A visão moderna de gestão acredita que os conflitos são inevitáveis e até necessários, pois por meio deles a organização identifica oportunidades de melhoria. Nessa visão, os conflitos são considerados disfuncionais quando geram prejuízos para a organização e funcionais quando favorecem a melhoria da empresa.

Neste livro, vamos tratar do conflito sob a percepção da gestão moderna. Cabe aos administradores gerenciar os conflitos de maneira a promover mudanças organizacionais positivas, inovação e criatividade na solução de problemas.

Os conflitos positivos são aqueles que podem ser gerenciados e até estimulados para promover mudanças nas organizações, desde que sejam controlados em tempo hábil para que a situação de desequilíbrio não se prolongue.

Você deve achar estranha a ideia de estimular situações de conflito, mas o processo de crescimento e aprendizado muitas vezes evolui em meio ao desequilíbrio. Quer um exemplo? Quando começamos a usar a nova versão de um sistema informatizado, ficamos confusos e demoramos para dominar seus recursos. Esse momento é considerado um desequilíbrio, pois é repleto de dúvidas, receio de não aprender os novos recursos, dificuldades em utilizar o novo sistema etc.

O mesmo ocorre com as situações de conflito. Elas geram dúvidas, sensações desagradáveis e desconforto, mas por meio de uma comunicação eficaz, com interações colaborativas e cooperativas, essas sensações são amenizadas e, posteriormente, levam a equipe a um estágio mais avançado de desenvolvimento.

O crescimento organizacional é caracterizado por diversos conflitos em razão dos vários estágios pelos quais a empresa passa; sempre que esses conflitos são resolvidos, a organização assume uma nova posição de melhoria.

Amplie seus conhecimentos

As organizações possuem um ciclo de vida. Adizes (1996) analisou as diferentes fases das organizações, desde o nascimento (criação) até a morte (fechamento). Ele afirma que as empresas passam pelas seguintes fases: namoro, infância, toca-toca, adolescência, plenitude, estável, aristocracia, burocracia incipiente e morte. O desenvolvimento e o crescimento acontecem até o estágio da estabilidade. Entre cada uma das fases, as organizações sempre passam por conflitos, a fim de que possam resolvê-los e passar à próxima fase. Assim, elas crescem em todos os sentidos. Se não resolverem seus conflitos, as empresas adoecem.

3.3.1 Origem dos conflitos

Os conflitos podem ser inerentes ao indivíduo ou acontecer entre indivíduos, entre indivíduos e grupos, entre grupos da mesma organização e entre empresas. Mas, afinal de contas, como surgem os conflitos em uma organização? Podemos dizer que as principais fontes de conflito são as seguintes:

» Recursos escassos: de forma geral, as organizações possuem um número limitado de recursos humanos, físicos e materiais, e sua divisão pode gerar conflitos. Por exemplo: uma discussão iniciada porque uma pessoa deseja ampliar sua sala, mas não há espaço disponível ou, para isso, seria preciso diminuir outra área da empresa. Também é muito comum alguns gestores "disputarem" colaboradores de outras áreas, o que pode gerar constrangimento, caso um gestor não consiga substituir o colaborador transferido. Outro motivo de conflito pode ser a reunião entre as diferentes áreas para definir a distribuição dos recursos financeiros. A área com orçamento reduzido pode criar um conflito a fim de melhorar seus recursos.

» Diferentes percepções na busca dos objetivos: esse tipo de conflito é muito comum entre áreas com características bem diferentes. Por exemplo, a área financeira costuma ter como foco a redução de custos, enquanto as áreas comercial e de marketing justificam que seus gastos com eventos, patrocínios, jantares etc. devem ser considerados investimentos, gerando-se, então, o conflito.

» Interdependência dos processos de trabalho: nesse caso, uma área somente consegue realizar seus trabalhos quando a outra finaliza suas atividades. Por exemplo, a área de produção somente inicia suas atividades quando a área de planejamento libera os projetos. Dessa forma, é comum ver equipes de produção em conflito com a área de desenvolvimento de projetos. Outro conflito muito comum é entre as áreas comerciais e operacionais, nas quais se escuta com frequência: "os vendedores vendem o que não pode ser entregue" ou, ainda: "os vendedores se comprometem com um prazo impossível de ser atingido".

» Diferenças de valores e percepções: se os valores da organização não forem claros para todos os funcionários, ela pode se deparar com conflitos. Por exemplo, alguns funcionários podem considerar as atitudes de outros colegas antiéticas e até ilegais, tendo em vista as diferentes percepções.

» Estilos individuais: nesse caso, o conflito tem uma característica bem pessoal; ocorre quando uma pessoa não se identifica com outra. Sua maneira de resolver problemas e tomar decisões é antagônica. É necessário, então, separar as pessoas dos problemas, conforme veremos nos Capítulos 6 e 7 que explicam como conduzir negociações eficazes.

» Ambiguidades organizacionais: envolvem conflitos entre profissionais de altos níveis hierárquicos, os quais competem pelo poder e, por darem muito valor ao status, costumam direcionar suas equipes a objetivos diferentes. Muitas vezes, levam as equipes a disputar entre si, promovendo um desequilíbrio que é desfavorável à organização.

Amplie seus conhecimentos

Você sabia que os membros de um grupo, quando em conflito com outro grupo, ficam mais unidos? Nesse momento, podem surgir novas lideranças com forte representação. Durante um conflito, é comum serem estabelecidos novos líderes em uma organização (ROBBINS, 1994).

3.3.2 Consequências de um conflito

Quando um conflito não é conduzido adequadamente, dois grupos podem surgir nas organizações: os derrotados e os ganhadores.

Os derrotados geralmente ficam em turmas isoladas e tendem a se comportar de forma indiferente em relação aos outros colegas do grupo ganhador, enquanto os ganhadores passam a ter seus líderes mais fortalecidos e autoconfiantes em decorrência dos resultados obtidos, acreditando que sua maneira de agir é a melhor e a mais adequada.

Os conflitos menos intensos podem ter impactos mais positivos; assim, a organização passa a perceber que, se bem administrados, os conflitos geram bons resultados. Os membros dos grupos ganhadores, mesmo discordando de algumas ordens, tendem a respeitá-las, pois passam a confiar mais em suas lideranças.

Como saber se um conflito foi positivo ou não? Podemos considerá-lo positivo se ele foi administrado adequadamente, promoveu reestruturação e não prejudicou o clima organizacional; em outras palavras, se foram detectados ganhos para a organização.

Se pensarmos no conflito como um dos caminhos para promover mudanças positivas nas organizações, a questão a ser analisada pode ser: como gerar conflitos?

Muitas empresas, quando precisam sair de um estado de acomodação e criar outro clima organizacional, optam por contratar profissionais externos com experiência em tal situação. Eles reestruturam a organização, mudam seu organograma, estimulam a competição e implantam normas que redirecionam a empresa.

3.3.3 Como reduzir e solucionar conflitos

Apesar de o conflito ter muitas vantagens, viver em conflito é muito desgastante. Por isso, também é importante saber como proceder para que os conflitos sejam reduzidos de forma a não prejudicar os resultados da empresa. Seguem algumas sugestões:

» Evite retornar aos motivos que deram origem ao conflito. Não adianta discutir o que já passou; o foco deve ser o presente, mas sempre olhando para o futuro.

» Valorize os objetivos maiores e aceitos pelos membros dos grupos divergentes. Por exemplo, utilize discursos como: "pessoal, estamos aqui para promover o ensino dos jovens; isso é muito superior aos nossos interesses individuais".

» Vale, também, mostrar que a desunião pode enfraquecer a empresa diante de um novo concorrente ou das mudanças de mercado.

Se a tentativa de reduzir o conflito não funcionar, o melhor é procurar solucioná-lo, o que pode ser feito com a utilização de diferentes técnicas, como ilustrado na Figura 3.10 e explicado em seguida.

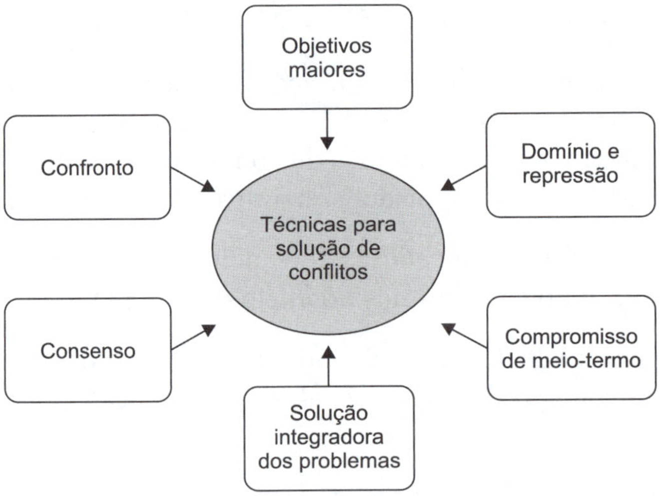

Figura 3.10 - Técnicas para a solução de conflitos.

- Domínio e repressão: pode ocorrer por meio das seguintes situações:

  forçando a outra parte diretamente com autoritarismo; por exemplo: "faça o que estou mandando!";

  acalmando os membros dos grupos ao minimizar a importância da discórdia entre eles;

  evitando o problema identificado, fingindo não saber de sua existência;

  fazendo valer a regra da maioria, por meio de uma votação.

- Compromisso de meio-termo: para essa estratégia, é bom ter cuidado com soluções simplistas, pois, muitas vezes, não são suficientes para solucionar o problema; apenas prorrogam o prazo e pioram as relações entre os membros.
- Solução integradora dos problemas: esse compromisso é possível quando se busca uma negociação com acordo ganha-ganha, conforme maiores explicações no Capítulo 6. É uma solução positiva de problemas, pois as partes procuram abertamente resolvê-los de forma clara e transparente.
- Consenso: visa promover uma discussão entre as partes, de forma que possam expor seus diferentes pontos de vista e, ao mesmo tempo, apresentar vantagens e desvantagens, até que ambas se entendam. A solução de problemas por consenso também é considerada uma boa estratégia, pois ocorre por meio do diálogo entre as partes envolvidas.
- Confronto: as partes expõem seus pontos de vista e os motivos do conflito são discutidos abertamente. O confronto não tem como foco a obtenção de resultados de uma negociação ganha-ganha, mas o debate de ideias, seja qual for o resultado. Esse tipo de solução exige maturidade dos membros de cada grupo, pois nem sempre o que é discutido agrada a todos.
- Objetivos maiores: essa técnica tanto pode ser utilizada para reduzir os conflitos como para solucioná-los. Tem como proposta a valorização de objetivos maiores que incorporem os objetivos menores.

3.4 Técnicas para ouvir melhor

Você já conversou com alguém e teve a sensação – ou a certeza – de que a pessoa não estava ouvindo? O contrário também já aconteceu? Você se distrai e não ouve o que outra pessoa fala? Essa situação geralmente desencadeia problemas de comunicação. Saber ouvir é essencial para ter uma comunicação eficaz. Aliás, é tão importante quanto saber se expressar.

Em um processo de comunicação eficaz, deve ocorrer interação, e ela só existe quando a comunicação é bidirecional, como comentamos no início deste capítulo.

A habilidade de ouvir pode ser desenvolvida assim como o escrever e o falar na escola. Ouvir e entender o que está sendo dito não é fácil: requer atenção e até uma relação de empatia com o emissor.

Conheça algumas técnicas que podem facilitar o processo de ouvir melhor:

» Prepare o ambiente em que você vai se comunicar com outras pessoas: tire desse ambiente as distrações. Por exemplo: se você está em uma reunião ou em sala de aula, desligue o celular ou deixe-o no modo silencioso. Quer outra dica? Deixe o celular virado para baixo, assim evita a curiosidade de acessá-lo quando ele emitir algum sinal. Dependendo da situação, saia de sua mesa e sente-se ao lado da pessoa com quem vai se comunicar.

» Permita-se o processo de ouvir: esteja aberto para ouvir o que o outro tem a dizer; evite julgá-lo. Sabemos que é natural ter vários pensamentos ao ouvir outra pessoa. Identifique a ideia central da conversa; olhe para a pessoa com quem está conversando. Se não entender algo, pergunte.

» Controle a ansiedade: deixe a pessoa falar até concluir suas ideias; não a interrompa. Diminua seus gestos para não distraí-la. Ao longo da conversa, dê *feedbacks* para demonstrar que está atento e evite a tendência, quase natural, de completar os argumentos do outro.

» Aproveite o silêncio: enquanto a outra pessoa fala, aproveite para organizar seus pensamentos e definir como responderá ao discurso.

Ouvir é uma das estratégias para se obter uma comunicação eficaz. Ela possibilita emitir *feedbacks* e valorizar as relações entre as pessoas. Todos notamos quando não somos ouvidos; a sensação é muito desagradável, leva a uma situação constrangedora e a um sentimento de desvalorização.

Não ouvir adequadamente pode levar a conflitos desnecessários. Se não estiver disponível para ouvir, é melhor reprogramar o compromisso e avisar a outra parte. Isso demonstra um posicionamento assertivo, explicado no tópico seguinte.

3.5 Comunicações diretivas e assertivas

Você já observou a forma como se comunica? Que tipo de comunicador você é? Passivo ou assertivo? Se não sabe a resposta, imagine as seguintes situações:

» Em uma lanchonete, ao pedir um sanduíche com pão integral e receber pão branco, o que você faz?

» Se alguém furar a fila bem na sua frente, qual será a sua atitude?

» Se você agendasse um horário com outra pessoa e ela chegasse atrasada, sem dar nenhuma satisfação, o que você diria a ela?

Diante dessas situações, se você preferir não se posicionar, sua comunicação é passiva, pois aceita as ocorrências sem tomar nenhuma atitude. No entanto, diante de uma necessidade não atendida, se você transmite sua posição, sua comunicação é assertiva.

A comunicação passiva é aquela em que a pessoa não manifesta o seu sentimento, guardando para si o descontentamento. Às vezes, escutamos os seguintes comentários: "engoli seco"; "estou engasgado com tal situação", nos quais não se demonstra nenhuma reação diante de uma circunstância, mesmo havendo desacordo.

A pessoa passiva releva as situações; não expõe seu ponto de vista para que a outra parte possa rever sua atitude.

Já a pessoa assertiva defende seus interesses abertamente para que a outra parte perceba seu descontentamento e fique a par dos seus direitos, mas sem desconsiderar os direitos da outra parte. Não significa que ela seja grosseira; apenas se posiciona adequadamente, sem inibição, de forma diretiva.

Na comunicação assertiva, as mensagens repassadas são precisas e claras. Os gestos corporais e faciais têm harmonia com a fala e com o objetivo da comunicação em si. A pessoa assertiva demonstra necessidades, desejos e descontentamentos; possui entusiasmo para provocar mudanças e atingir suas metas.

Para adotar uma comunicação mais assertiva, reflita sobre o processo pelo qual está passando por meio das seguintes análises:

» Minhas necessidades estão claras para mim?

» Sou claro com as outras pessoas? Elas me entendem?

» Tenho obtido os resultados desejados? Se não, o que preciso fazer?

Outra sugestão é ter em mente alguns ideais: o que eu quero? Como? Por quê? Quem pode estar comigo? Quando isso deve ser realizado? Como posso saber se estou próximo de meu objetivo? Quanto isso custará? Esse modelo de questionamento facilitará o processo da comunicação assertiva.

Uma das maiores dificuldades da comunicação assertiva é dizer não, pois alguns veem isso como um ato de grosseira, uma falta de delicadeza; outras pessoas se sentem culpadas e constrangidas por ter de dizer não. No entanto, tentar agradar a todos é uma demonstração de insegurança; indica uma necessidade de aceitação. Quer ter uma comunicação cada vez mais assertiva? Pense positivo, concentre-se no que deseja alcançar e boa sorte!

Vamos recapitular?

Neste capítulo, você aprendeu as principais técnicas do processo de comunicação eficaz e viu como ela pode favorecer as organizações.

Aprendeu que a comunicação eficaz precisa de interação, preferencialmente com características colaborativas e cooperativas, essenciais para promover um *feedback* que favoreça a aprendizagem e a mudança positiva nas relações interpessoais.

Percebeu que todas as organizações possuem conflitos, mas saber administrá-los adequadamente traz muitos benefícios. Na visão tradicional, conflitos devem ser evitados, pois demonstram desorganização e falta de controle. Já na visão moderna, o conflito pode ser uma excelente fonte de mudanças positivas.

Entendeu que a comunicação assertiva é mais proveitosa do que a passiva, pois o comunicador se posiciona ativamente diante de suas necessidades, sempre respeitando os limites da outra parte envolvida. Por fim, viu que de nada adianta conhecer e dominar todas essas técnicas se a pessoa não souber ouvir.

Agora é com você!

1) Considerando sua vivência, identifique ações colaborativas e/ou cooperativas. Justifique sua resposta com base nos conceitos apresentados neste capítulo.

2) Vimos que as comunicações eficazes exigem interações colaborativas e cooperativas. Para haver cooperação, é preciso ter atitudes colaborativas. Sendo assim, sabe-se que cooperar é mais complexo do que colaborar. No início deste capítulo, foram apresentadas várias características das atitudes cooperativas. Liste aquelas que, de alguma forma, devem prevalecer nas interações cooperativas.

3) Discuta com seu colega de classe sobre *feedbacks* positivo/elogioso e negativo/crítico recebidos e passados por cada um. Cite os principais aprendizados em cada um dos casos. Analise, também, qual foi mais impactante para o seu crescimento.

4) Você já analisou sua postura como comunicador? Considera-se um comunicador assertivo ou passivo? Relate situações em que você tenha se posicionado de forma assertiva e passiva. Quais foram as estratégias utilizadas em cada um dos casos? O que o levou a ser assertivo e/ou passivo em cada uma das situações vivenciadas?

4 Comunicações Verbal e Não Verbal

Para começar

Neste capítulo, você estudará técnicas para promover uma comunicação eficaz com recursos verbais e não verbais. Em um primeiro momento, conhecerá alguns cuidados importantes na escolha das palavras; em seguida, verá diferentes meios de comunicação escrita.

Entenderá, ainda, como as emoções afetam a comunicação e como as expressões faciais, os olhares e a postura corporal ajudam a ressaltar o que queremos transmitir.

Por fim, verá como o marketing pessoal afeta as interações: por meio do comportamento e da apresentação pessoal expressamos quem somos.

4.1 Comunicação verbal oral

A comunicação verbal oral é caracterizada pela fala (som e timbre da voz) e pelas palavras que utilizamos para transmitir nossas ideias. Ela traduz sentimentos e define o perfil de cada um, já que as palavras proferidas são interpretadas por outras pessoas.

As palavras e expressões condicionam o cérebro e influenciam as ações de quem as ouve para o alcance (ou não) dos objetivos traçados. O profissional deve selecionar bem as palavras ao transmitir informações, a fim de que sejam utilizadas em seu favor. As especialistas em neurolinguística Deborah Epelman e Maria Olívia de Almeida (2013) sugerem algumas palavras e ressalvam o uso de outras. Acompanhe:

- Ainda: imagine que você diga: "eu ainda estou sem trabalho"; isso significa que até o momento você não está trabalhando, mas tem interesse, necessidade e desejo de começar a trabalhar.
- Tentar: esse verbo denota falta de disponibilidade e de energia. Quando dizemos que "vamos tentar", já acreditamos haver 50% de chance de falha. Quando dizemos, por exemplo, que "vamos tentar fazer um trabalho", significa que o esforço será limitado.
- Experimentar: significa estar aberto a novas possibilidades. É uma palavra que exprime atitude; intenção transformada em ação.
- É difícil: expressão negativa, que gera bloqueios no pensamento e na comunicação. Em vez de dizer "difícil", pode-se optar por "será estimulante", "será inovador", "será desafiador".
- Gostaria, queria: quando alguém emprega essas palavras, no futuro do pretérito, ao comunicar-se, logo podemos pensar: "então, você não quer mais?". Assim, deve-se preferir o tempo presente: "eu gosto", "eu quero", deixando mais claras as intenções.
- Mas: suaviza as abordagens. Por exemplo: "eu tenho interesse no trabalho, mas o valor a ser pago está muito abaixo do mercado. É possível revê-lo?". Desse modo, o "mas" pode ser utilizado como estratégia para se conseguir outro objetivo.
- Nunca, jamais, sempre: essas palavras são muito fortes e definitivas. Elas impedem um posicionamento mais flexível. Evite-as, para que você possa rever seu posicionamento sobre diferentes assuntos.
- Não: alguns estudos da PNL (programação neurolinguística) apontam que o "não" desaparece ao transmitir uma mensagem. Deve-se evitar, por exemplo, dizer: "não faça isso" para uma criança. O que fica registrado para ela é "faça isso", ou seja, o uso do "não" surte efeito reverso. Evite usar essa palavra e fale afirmativamente o que deseja proibir ou impedir. Por exemplo, troque: "não realize essa tarefa dessa maneira" por: "da próxima vez, realize essa tarefa assim...".
- Né: além de ser maçante ouvir esse vício de linguagem, trata-se de uma expressão excessivamente informal. Demonstra, também, que você precisa de confirmações a todo momento, o que pode parecer insegurança.
- Nós: essa palavra representa a união; fazer algo de modo compartilhado. Demonstra, também, acolhimento e grandeza. Utilize-a sempre que possível e, principalmente, quando se referir a um trabalho realizado em grupo.
- Acho: da mesma forma que o termo "penso", transmite a impressão de que não há certeza naquilo que se diz, gerando desconfiança por parte de quem escuta. Sendo assim, é importante rever o que se deseja afirmar ou negar, para que a opinião seja apresentada de maneira segura.

4.2 Comunicação verbal escrita

Neste tópico, vamos apresentar os principais instrumentos da comunicação escrita no mundo das organizações, conforme a Figura 4.1, bem como a finalidade de cada uma e os aspectos que devem ser considerados para sua utilização.

Nas empresas, a comunicação escrita é muito valorizada, pois permite registrar todas as ocorrências e, assim, compor o histórico das ações na organização.

Em organizações públicas, esse tipo de comunicação é essencial, pois é por meio de documentos formais que se constituem os processos administrativos e todos os trâmites das atividades, hábito também comum nas organizações privadas, cujos processos devem ser formalizados.

Em uma auditoria, por exemplo, as organizações apresentam seus registros para que se possa verificar a veracidade das informações. As documentações devem ter escrita e abordagem rigorosas.

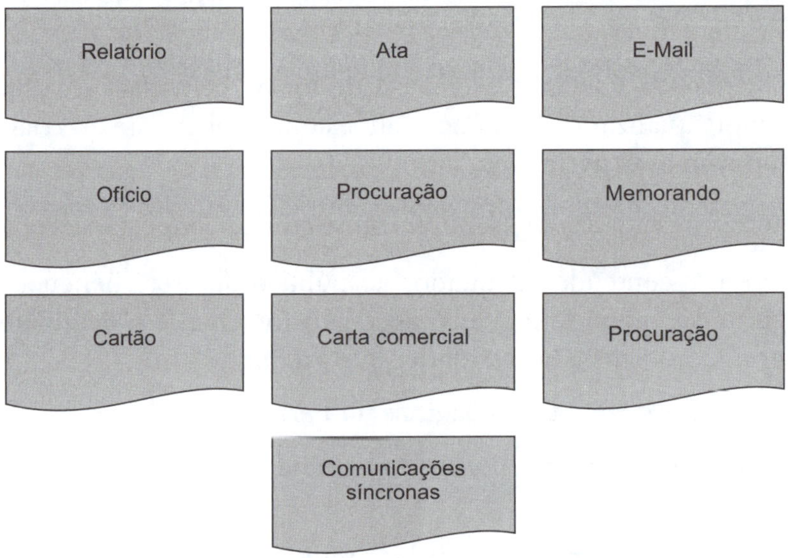

Figura 4.1 - Principais meios de comunicação escrita.

4.2.1 Relatório

É o documento em que se registram observações, pesquisas, investigações e fatos. Eles variam de acordo com a finalidade.

Para elaborar um relatório, tenha em mente o roteiro (sumário) com todas as partes que devem constituí-lo. Além disso, defina o conteúdo de cada um dos tópicos e um título para o relatório (se necessário, atribua também um subtítulo).

Estabelecendo esse roteiro, o profissional conseguirá desenvolver mais facilmente suas ideias, mas é bem provável que, ao iniciar o relatório, ele perceba a necessidade de alterações, acréscimos, exclusões e até mudanças na ordem dos tópicos. Isso é natural no processo de escrita. Ao longo da elaboração do relatório, é preciso ajustar todos esses aspectos.

A estrutura de um relatório deve conter:

» Apresentação/introdução: a fim de apresentar o objetivo do relatório conforme o contexto dos fatos.

» Desenvolvimento: consiste na apresentação das ideias, no levantamento de informações e ocorrências, no referencial teórico (se for o caso) e na demonstração de dados em gráficos e tabelas. Nesse momento, é importante detalhar as informações o máximo possível, para que tenham sentido e facilitem a interpretação.

» Conclusão: parecer final do profissional que elaborou o relatório. Nessa fase, ele descreve sua opinião, além de emitir sugestões, tendências e apontamentos necessários à situação registrada.

Ao definir o objetivo do relatório, escreva-o de forma bem clara e verifique as informações mais relevantes para contextualizar o conteúdo. Valide com o solicitante do relatório se o objetivo e o roteiro estão de acordo com as expectativas.

Além das questões apresentadas, ao elaborar um relatório, é importante considerar outras mais:

» Use linguagem e conteúdo adequados ao público que será beneficiado com as informações. Pergunte-se: quem terá acesso ao relatório? Qual é o detalhamento necessário das informações? Conforme a necessidade, ajuste a linguagem.

» Todos os relatórios devem ter as páginas numeradas.

» O relatório deve ter uma capa, contendo o nome de quem o elaborou, o nome da empresa, título e subtítulo, local e data.

» Sempre indique as referências utilizadas, informando fonte e data. Isso gera credibilidade nas informações apresentadas.

» Verifique na empresa se existe algum padrão ou norma que defina como um relatório deve ser elaborado. Se existir, fique atento a isso.

» Identifique o meio que será utilizado para divulgar o relatório: formato eletrônico ou impresso.

» Para saber se a escrita ficou clara, questione-se: o que aconteceu após a emissão do relatório? Quando aconteceu? Por que aconteceu? Quem foi o responsável? Quanto custou? Houve prejuízo? Se sim, qual? Como ocorreu o fato? Quais são as alternativas para solucionar os problemas apontados?

» Relate os fatos resultantes em ordem cronológica.

» Se precisar comprovar alguma informação, utilize apêndices ao final do relatório.

Cuidados ao escrever um relatório

Ao escrever um relatório, atente às seguintes orientações:

- Elabore frases curtas. Evite parágrafos longos, pois cansam o leitor.
- Mantenha, de preferência, os parágrafos com o mesmo tamanho, ou seja, evite escrever um parágrafo muito longo e outro curto. Crie um padrão.
- Utilize, como dissemos, linguagem acessível, simples e clara. Não empregue termos informais e fúteis. Também evite palavras rebuscadas. O objetivo do relatório é o fácil entendimento do leitor.
- Tenha cuidado para não ser simples demais e, assim, não passar as informações necessárias.
- Cuide da estética do relatório; deixe-o com uma boa apresentação. A imagem é muito importante.
- Não transmita opiniões baseadas em emoções pessoais. O relatório empresarial é um documento formal. Deve ter, portanto, objetividade, evitando-se a subjetividade.
- Fique atento para evitar alguns vícios de linguagem, tais como:

  Ambiguidade: textos de sentido duplo, que deixam o leitor confuso.

  Pleonasmo: palavras redundantes. Por exemplo: precisamos subir para o andar de cima.

  Colisão: uso excessivo da mesma consoante. Por exemplo: "isso é o que se sabe sobre o sofrimento de Sandra Silva".

  Estrangeirismo: expressões em outros idiomas.

  Cacófato: som desagradável resultante da sequência de certas palavras. Por exemplo: essa fada é linda.

  Preciosismo ou rebuscamento: texto que apresenta ideia vaga, linguagem artificial, sem conteúdo nem foco, mas que aparenta transmitir algo importante e de alto valor, porém de difícil interpretação.

Por fim, pergunte-se: o relatório foi bem-elaborado? Para ter certeza, imprima-o e leia-o em voz alta, atentamente; recorra a um dicionário para tirar dúvidas sobre o vocabulário; solicite, ainda, que outra pessoa leia o relatório.

Sempre é recomendável que outra pessoa revise o relatório, pois é comum não percebermos os nossos próprios equívocos. Caso não haja alguém à disposição, faça um intervalo, após a escrita, e então leia o material; assim, você terá uma visão mais crítica e saberá identificar opções de melhoria.

Lembre-se de que escrever bem requer leitura. Um bom leitor tem mais chances de escrever bem.

4.2.2 Ata

É o documento que registra, em detalhes, as discussões e decisões de uma reunião. Existem dois tipos de ata: as que devem ser lavradas e as mais usuais, cujo objetivo é apenas registrar as decisões e os encaminhamentos de uma reunião.

As atas lavradas evitam acréscimos ou alterações e, consequentemente, fraudes. Em alguns casos, a ata deve ser reconhecida em cartório para ter valor.

Em associações, fundações, cooperativas e empresas com muitos sócios, é comum que a ata seja lavrada. Isso significa que ela foi lida por todos os interessados, que concordaram com o conteúdo e assinaram a ata, validando as informações.

Fique de olho!

Muitas empresas têm o hábito de gravar as reuniões. É uma forma de evitar erros na elaboração da ata ou, caso algum membro não concorde com o que foi escrito, é mais fácil recorrer à gravação para validar as informações registradas na ata.

Formalmente, uma ata possui a seguinte estrutura:

- Título ou tema da reunião.
- Data, hora e local da reunião.
- Nome das pessoas presentes à reunião.
- Convocação da reunião.
- Nome do presidente e do secretário que representam e conduzem a reunião.
- Ordem do dia; pauta da reunião que especifica o(s) assunto(s) a ser(em) tratado(s).
- Deliberações, que são decisões e encaminhamentos aprovados na reunião.
- Fecho, que deve ter o seguinte texto: "Nada mais havendo a tratar, foi a presente ata lavrada e, após lida e achada conforme, foi por todos os presentes assinada".

A estrutura apresentada é um modelo-padrão, mas sempre é preciso verificar o estilo adotado pela empresa. Em situações nas quais não se requer tanto formalismo, é usual constar, na ata, apenas data, hora, local, pauta, encaminhamentos, nomes e assinaturas dos presentes.

4.2.3 E-mail

Cada vez mais as empresas optam por mensagens digitais. Ao elaborar comunicações por e-mail, fique atento às seguintes orientações:

- Inicie a mensagem saudando a pessoa. Por exemplo: "Bom dia, Sr. Jorge".
- Elabore mensagens curtas, simples e objetivas.

- Evite abreviações e informalidades, como: você (vc), não (naum) também (tb), porque (pq), entre outras.
- Quando receber um e-mail, confirme ao emitente.
- Conheça as regras de elaboração de e-mail da empresa.

Fique de olho!

O e-mail é um documento e, portanto, pode ser utilizado como prova jurídica. Dessa forma, é preciso ter muita cautela ao transmitir informações por e-mail.

4.2.4 Ofício

É um instrumento de comunicação escrita muito utilizado pelos serviços públicos; exige papel timbrado. Os elementos que o compõem são:

- Local e data de emissão do ofício.
- Cargo e nome do destinatário.
- Assunto a ser introduzido.
- Desenvolvimento da solicitação e conclusão.
- Fecho (saudação de despedida). Exemplo: atenciosamente, grato, obrigado.
- Assinatura.
- Identificação do emissor e de seu cargo.

4.2.5 Memorando

É uma correspondência interna das empresas, utilizada para trocar informações, repassar comunicados e avisos, apresentar novas regras de trabalho, efetuar solicitações etc.

O memorando é feito em papel timbrado. Os interessados podem registrar a resposta no próprio documento, facilitando o seu acompanhamento.

Esse documento costuma ser sintético, estando relacionado a questões rotineiras da empresa. Vale ressaltar que as organizações têm substituído, cada vez mais, os memorandos por e-mails.

4.2.6 Cartão

Podendo ter formatos variados, o cartão possui diversos objetivos, tais como: felicitações, cumprimentos etc. Também vem sendo substituído por mensagens eletrônicas.

4.2.7 Carta comercial

Por meio das cartas comerciais costuma-se solicitar pedidos ou disseminar informações. Elas possuem timbre da empresa, identificação do emitente, número de controle, local e data de emissão, destinatário, indicação do assunto, saudação ao destinatário, texto propriamente dito, fecho, assinatura e cargo do emitente.

4.2.8 Procuração

É o documento pelo qual uma pessoa transfere poderes à outra para que ela possa agir em seu nome, conforme o objeto da procuração, representando-a nos termos do documento. A pessoa que repassa o poder é conhecida como outorgante; a que recebe os poderes é conhecida como procurador.

A procuração deve ser reconhecida em cartório mediante comprovação da qualificação do procurador e do outorgado. Para isso, é necessário informar nome completo, nacionalidade, estado civil, profissão, registro geral (RG), cadastro de pessoa física (CPF) e endereço.

As procurações podem ser utilizadas para diversos fins, como:

- » representação em juízo (procuração adjudicia): usada por advogados para celebrar contratos, fazer acordos, mover e defender ações, entre outras situações);
- » compra e venda de automóveis;
- » compra e venda de imóveis;
- » administração de bens;
- » movimentação de contas bancárias;
- » representação de autoridades empresariais;
- » recebimento representativo de aposentadoria em nome de outra pessoa.

4.2.9 Comunicações síncronas

As comunicações síncronas são feitas por meio de recursos da Internet, tais como o software Skype para chamadas de voz com vídeo, a rede social Facebook e outras interações típicas dos meios digitais.

Ao digitar uma mensagem e enviá-la, o receptor a recebe em tempo real, estabelecendo-se, portanto, o processo de diálogo. Essas comunicações têm substituído, em grande parte, o uso do telefone, pois são gratuitas e as pessoas conseguem, além de se comunicar rapidamente, saber se a outra pessoa está on-line ou não.

4.3 Comunicação não verbal: o corpo fala

A postura, ou expressão corporal, é uma das formas de comunicação mais impactantes. Weile e Tompakow (1985) foram alguns dos precursores do estudo da postura corporal como elemento essencial da comunicação. Esses autores alertam que, pela linguagem corporal, dizemos muito aos outros e, também, interpretamos diversas mensagens.

Muitas vezes, a linguagem corporal revela mais que a verbal, pois ela não mente, mas expressa sentimentos. A interpretação da postura corporal serve, assim, como um dicionário da pessoa.

A posição do tórax, por exemplo, traduz algumas mensagens. Manter o tórax elevado significa vaidade, dá a impressão de que a pessoa quer se impor; manter o tórax encolhido indica timidez, retraimento; já o tórax em postura normal representa o equilíbrio.

A Figura 4.2 apresenta diferentes posturas corporais. Na primeira imagem, a secretária, simpática, sugere estar aberta a diálogos; na imagem seguinte, temos uma expressão oposta, uma vez que aparenta estar perdendo o controle devido ao estresse causado pelo ambiente de trabalho. Na terceira imagem, a expressão é de surpresa, enquanto que na quarta vemos uma comemoração em virtude, provavelmente, de algum objetivo alcançado.

Pressmaster/Shutterstock.com

Figura 4.2 - Diferentes posturas corporais; diferentes significados.

Também é possível perceber o estado emocional de uma pessoa pela respiração, pelos suspiros ou pelo aumento dos batimentos cardíacos. Por exemplo: respiração profunda pode indicar estado de tensão; suspiros demonstram ansiedade e angústia. O aumento do ritmo cardíaco representa forte emoção.

O estado emocional é facilmente perceptível pelas expressões faciais. A Figura 4.3 ilustra alguns exemplos.

Figura 4.3 - As expressões faciais e os sentimentos transmitidos.

Amplie seus conhecimentos

Respirar lenta e profundamente gera uma sensação de tranquilidade, diminui o estresse e a tensão. Sempre que estiver nervoso ou preocupado, repita o processo de inspiração e expiração lentamente pelo menos cinco vezes. Logo, você se sentirá melhor.

A inclinação da cabeça também transmite mensagens. Manter a cabeça erguida é sinal de que a pessoa se sente no controle ou acima dos outros; a cabeça baixa indica que a pessoa é controlada pelos estímulos externos; já a cabeça em alinhamento normal indica controle da mente.

Fique atento quando conversar com alguém e identifique o que ela está transmitindo além das palavras.

4.4 A comunicação e o marketing pessoal

O processo de comunicação não se restringe à forma de falar, de escrever ou mesmo de se posicionar. Também nos comunicamos pela imagem que passamos aos outros. A autoimagem é um dos "cartões de visita" de qualquer profissional. Trata-se do processo de comunicação pela imagem; em outras palavras, do marketing pessoal.

É importante haver preocupação com a imagem que passamos. Será que nos projetamos como pessoas idôneas que buscam resultados de maneira ética? O que comunicamos com nossa imagem?

Essa preocupação é muito importante no âmbito profissional; precisamos ser bem-vistos pelas outras pessoas, pois vivemos em sociedade, não isoladamente.

O marketing pessoal, como mencionado, está relacionado à imagem que projetamos e à maneira como as pessoas nos veem. Ele é constituído de várias estratégias para aprimorar a autoimagem com base em competências e habilidades.

Fique de olho!

No seu círculo de relacionamentos, identifique pessoas que você admire profissionalmente e estabeleça com elas uma relação *benchmarking*, ou seja, encontre os aspectos que considera positivos, a fim de utilizá-los em seu favor, assim você ganhará muito tempo de aprendizado e poderá melhorar seu desempenho.

Em relação ao marketing pessoal, a primeira impressão que passamos é ponto fundamental. Como você se comunica com as pessoas? Nem sempre a imagem que acreditamos projetar é a que os outros enxergam. Portanto, a primeira impressão sempre deve ser positiva; caso contrário, será preciso despender muito esforço para mudá-la.

A seguir, listamos alguns pontos que devem ser levados em consideração para favorecer a imagem pessoal no ambiente de trabalho:

» Asseio: cuide da higiene pessoal. O cabelo deve estar arrumado; as unhas, cortadas. Os dentes devem estar sempre limpos. No caso das mulheres, a maquiagem deve ser leve; o perfume, suave. Maquiagens e perfumes fortes podem transmitir uma imagem inadequada. É importante projetar uma imagem saudável. Fumantes devem ficar atentos ao cheiro do cigarro, pois ele fica "consolidado" na pessoa. Os homens devem cuidar da barba; se estiver mal cortada ou mal cuidada, deixará a impressão de desleixo. Pessoas que descuidam da higiene pessoal têm maiores dificuldades em constituir redes de relacionamentos.

» Roupas: para cada ambiente existe uma vestimenta adequada. Dê preferência a roupas que proporcionem conforto e o façam se sentir bem. Cuidado com roupas estampadas; opte por cores neutras para ocasiões de trabalho. Roupas escuras podem ser compensadas com acessórios claros. Tome cuidado, ainda, ao escolher vestimentas descontraídas por não haver compromisso agendado; esteja preparado para imprevistos. Vista-se conforme as exigências do trabalho. Não existe uma orientação única; o importante é adaptar seu estilo às suas atividades. Para as mulheres, é preciso evitar decotes e roupas curtas. Pessoas mal vestidas – ou vestidas inadequadamente – projetam uma imagem negativa, dificultando novos relacionamentos.

» Acessórios: brincos, pulseiras, cintos e anéis são elementos complementares à vestimenta, mas é necessário evitar os excessos.

» Etiqueta em um almoço ou jantar de negócios: regras simples de como se portar à mesa durante um almoço ou jantar de negócios podem ser facilmente obtidas em livros de etiqueta profissional. Comer e beber devagar, por exemplo, além de aguardar as outras pessoas para iniciar a refeição, são regras essenciais.

Amplie seus conhecimentos

Quer aprender mais sobre as regras das boas etiquetas? Então, leia os livros da autora Glória Kalil. Um deles que vale a pena é *Alô, Chics!* Ele tem versão impressa e em áudio. É bem interessante e dá dicas de forma bem divertida.

- Postura corporal: estabeleça uma comunicação positiva por meio de seu posicionamento corporal. Olhe para as pessoas enquanto conversa com elas. Ao encontrá-las, cumprimente-as sem apertar demais as mãos, mas também não as segure de maneira muito leve, a fim de não passar uma impressão de descaso ou insegurança. Mantenha-se ereto ao sentar-se, atentando à maneira como cruza as pernas. A prática de atividades físicas favorece a melhoria da postura corporal, dando maior credibilidade à imagem.
- Linguagens escrita e oral: deve-se respeitar as normas da língua portuguesa. Um discurso com erros grosseiros ou um bilhete com erros gramaticais podem desfazer todo o marketing pessoal e anular a credibilidade. Dê preferência a palavras simples e fáceis de pronunciar, para evitar problemas de dicção. Palavras mais complexas podem até mesmo não ser compreendidas pela pessoa com quem você conversa, criando um distanciamento que pode ser visto por ela como proposital.
- Formação acadêmica: quem não estuda tem menos oportunidades em um mercado tão competitivo, no qual existem profissionais qualificados em diferentes áreas. Invista sempre em sua formação. Conhecimentos de informática e de idiomas, por exemplo, são essenciais no mundo globalizado.
- Assuntos polêmicos: para constituir um bom marketing pessoal, é necessário evitar assuntos que causem controvérsia, tendo em vista a diversidade cultural. Apresentar seu ponto de vista acerca de assuntos como religião, preferência partidária e preconceitos de modo geral pode criar resistência no relacionamento.
- Coerência: fale aquilo em que acredita; seja coerente com seu discurso e suas atitudes. Evite falar o que você não é ou não faz. Isso pode ser descoberto e não será bom para sua imagem.
- Comportamento positivo: transmita otimismo na fala e na percepção dos fatos, mesmo diante de crises; afinal, todos passam por situações difíceis. Nenhuma empresa e nenhum indivíduo vivem apenas de bons momentos; portanto, acreditar que tudo pode melhorar desencadeia uma postura de prosperidade.
- Comportamento gentil: estimule um comportamento simpático e benevolente com as pessoas. Ouça o que elas têm a dizer, use palavras generosas e ofereça ajuda quando elas precisarem. Desse modo, você terá a pessoa ao seu lado.

Vamos recapitular?

Neste capítulo, você aprendeu que algumas palavras devem ser evitadas na linguagem oral, a fim de impedir a falta de credibilidade das informações repassadas. É importante estar atento a escolha dos termos.

Em seguida, conheceu as características e a finalidade dos seguintes elementos do sistema de comunicação escrita: relatório, ata, e-mail, ofício, memorando, cartão, carta comercial, procuração e comunicações síncronas. Em todos esses documentos, é importante atentar à sua apresentação física.

A postura corporal transmite muitas informações a nosso respeito, portanto devemos ficar atentos à imagem que projetamos por meio das expressões corporais, bem como devemos prestar atenção nas pessoas com quem conversamos, pois elas também nos transmitem informações pela postura.

Por fim, você entendeu que cuidar do marketing pessoal significa cuidar da imagem que transmitimos aos outros.

Agora é com você!

1) Você já analisou sua própria voz? Faça uma experiência: elabore uma apresentação e solicite que alguém a grave. Em seguida, ouça sua própria voz, observando seus pontos fortes e fracos. O que deve ser melhorado?

2) Vamos elaborar um relatório? Imagine que você trabalhe em uma empresa e seu chefe solicite a análise de dois concorrentes da empresa, apresentando um relatório com tal levantamento. Com base nas explicações fornecidas neste capítulo, elabore o relatório adequadamente.

3) Nas Figuras 4.4, 4.5 e 4.6, analise a mensagem transmitida pelas obras de arte. O que a postura corporal tenta comunicar? Quais os sentimentos transmitidos?

Wikimedia Commons/Gaston de La Touche (1854-1913)

Figura 4.4 - L'Ennui, 1893, de Gaston de La Touche.

Figura 4.5 - The Magdalen Weeping, por volta de 1525, de Master of the Legend of the Magdalen.

Figura 4.6 - The HappyMother, por volta de 1775, de Johann Anton de Peters.

5

Técnicas de Apresentação

Para começar

Neste capítulo, você vai conhecer as principais informações às quais se deve atentar para estruturar uma apresentação, incluindo a postura adequada durante a exposição de ideias, projetos ou resultados de um trabalho a seus superiores ou à sua equipe, no ambiente profissional. Qualquer profissional deve estar preparado para vender suas propostas e seus serviços, pois a oportunidade pode surgir a qualquer momento.

5.1 Principais elementos de uma apresentação

Os elementos do processo de comunicação que têm maior impacto neste capítulo são: o emissor (apresentador), o receptor (público-alvo), a mensagem, o recurso (meio) a ser utilizado para o envio da mensagem e o local onde ocorrerá a apresentação, conforme a Figura 5.1.

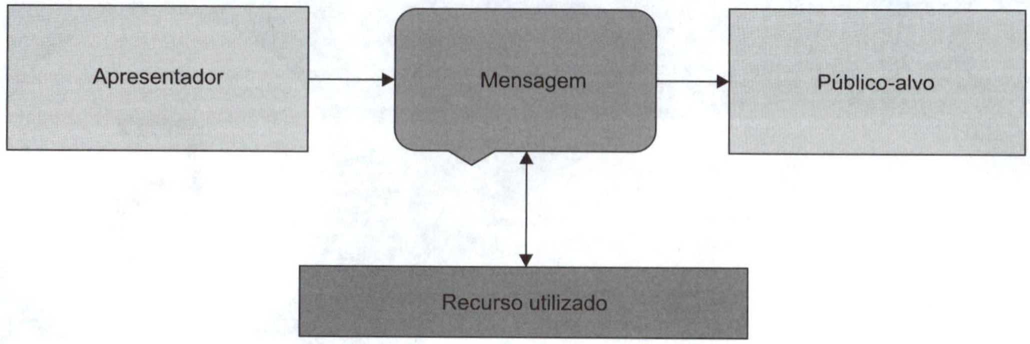

Figura 5.1 - Elementos essenciais de uma apresentação e sua interação.

5.2 Aspectos relevantes sobre o apresentador

Todos os elementos de uma comunicação são importantes para uma boa apresentação, mas o principal é o apresentador, ou emissor, que tem papel crucial. Não adianta estar em um local excepcional e dispor dos melhores recursos para transmitir a informação se o apresentador não estiver preparado.

Estar preparado significa conhecer bem o assunto a ser tratado, treinar o discurso e contar com uma boa aparência pessoal. Conhecer o discurso não é decorar um texto e reproduzi-lo de forma artificial, sem uma postura espontânea.

Vale reforçar que, para conhecer bem o assunto a ser apresentado, é preciso estudar o conteúdo, realizar pesquisas atuais, ter um referencial teórico e procurar identificar as dúvidas que a plateia (público-alvo) pode ter.

Para causar uma impressão positiva no início da apresentação, introduza clara e objetivamente o assunto, explique os conceitos básicos da apresentação, a fim de nivelar o conhecimento de todos, e tenha em mente o roteiro da apresentação.

Os ouvintes conseguem perceber se o palestrante está seguro ao falar e também verificam se as informações repassadas são ultrapassadas e fundamentadas. Esteja preparado para responder ao máximo de questionamentos; se não souber responder a alguma dúvida, informe que levantará as informações necessárias e responderá posteriormente.

Ao realizar uma apresentação, procure não participar de discussões com a plateia, a fim de não criar situações constrangedoras; não deixe que pontos de vista diferentes atrapalhem seu desempenho. Evite insultos.

Fique de olho!

De forma geral, as pessoas que falam em público ou participam de palestras ficam inseguras antes da apresentação. Isso é normal até mesmo com cantores e bandas famosas, pois eles se preocupam com o aceite do público. Ao preparar-se bem, no entanto, basta começar a apresentação que o receio desaparece. Outra sugestão é praticar uma respiração profunda e lenta antes de começar.

5.2.1 Apresentação pessoal

A apresentação pessoal é outro aspecto importante para o palestrante, portanto ele deve ficar atento aos seguintes pontos:

» A roupa está adequada e em boas condições para o tipo de apresentação?

» Os sapatos estão limpos?

» O cabelo está arrumado?

» A aparência, de modo geral, está adequada?

Além dessas preocupações, também é importante estar atento a outros fatores, tais como: evitar roupas estampadas, principalmente muito coloridas; se o palestrante estiver de gravata, deve ficar atento ao nó para que não pareça um lenço; no caso das mulheres, é preciso usar maquiagem leve. Questione-se diante do espelho: estou com uma aparência boa e adequada? Gosto do que vejo?

Não se esqueça de que a nossa imagem sempre nos "promove", positivamente ou não. Cuide bem dela!

Fique de olho!

Ao fazer uma apresentação, utilize palavras positivas e faça colocações que agreguem valor ao conteúdo abordado e à plateia. Pense positivo! Confie em si mesmo, reforçando que está seguro com a apresentação, pois fez os ensaios e o conteúdo está adequado, mas apenas se isso for verdade; também é importante ser franco consigo mesmo. Se estiver seguro, comece a apresentação e boa sorte!

5.2.2 Linguagem corporal

Além dos cuidados com a aparência, é importante cuidar da postura corporal. É imprescindível manter a cabeça erguida (cuidado, porém, para não transmitir arrogância) e não olhar para o chão ou para o teto enquanto fala.

É sempre recomendável fixar pontos de referência para o olhar. Se a apresentação acontecer em um local pequeno, olhe, preferencialmente, para as pessoas; assim, você ganha a confiança delas e promove a interação, tornando a apresentação mais dinâmica.

Mantenha a postura ereta, com joelhos estendidos, ombros levemente para trás e barriga contraída. Evite colocar as mãos nos bolsos, pois demonstra insegurança. Mantenha os pés no mesmo alinhamento dos ombros e não cruze as pernas.

Por fim, relaxe! Sorria para a plateia. Isso ajudará muito no processo de comunicação a ser estabelecido por você.

5.2.3 Movimentos do palestrante

Durante a apresentação, tenha alguns cuidados, tais como:

» Evite ficar parado e de forma rígida; fique à vontade.

» Circule pela área da apresentação.

- Gesticule naturalmente, mas tenha cuidado para não movimentar demais os braços e as mãos.
- Olhe para a plateia sem demonstrar medo e insegurança.
- Não obstrua a projeção da tela, ou seja, não fique em frente ao projetor.

5.3 Aspectos relevantes sobre a mensagem e o recurso utilizado

Neste tópico, vamos abordar a mensagem a ser apresentada e o meio utilizado para esse fim, pois ambos estão interligados.

5.3.1 Estruturação do conteúdo

Ao elaborar sua apresentação, atribua um título que chame a atenção e tenha relação com o conteúdo a ser apresentado. Os objetivos devem ser claros para você. Cada parte da apresentação precisa estar interligada à seguinte, ou seja, relacione os assuntos a serem apresentados. Uma forma de facilitar essa integração é constituir um roteiro de todas as partes que serão apresentadas, criando uma lógica para o conteúdo.

Recomenda-se que o início da apresentação seja atraente, pois a primeira impressão, quando positiva, gera maior aceitação. Elabore uma fala inicial impactante que prenda a atenção do público. Uma boa estratégia é contar uma história ou fazer algum comentário sobre certos fatos da atualidade, mas tome cuidado para não fazer uma piada de mau gosto ou preconceituosa. É preciso preocupar-se em cativar as pessoas.

No início da apresentação, faça algumas observações gerais. Informe como a apresentação foi organizada, os referenciais teóricos utilizados (se for o caso) e a duração da palestra. Não se esqueça, também, de pensar em um bom fechamento. O começo e o término da palestra são considerados "âncoras" de uma boa apresentação.

Quando o objetivo da apresentação é claro para o palestrante, evita-se, também, que ele perca as referências do discurso; o famoso "branco". Com o objetivo claro, o apresentador consegue, a todo momento, associar sua fala ao propósito da palestra.

Ao longo de toda a apresentação, mencione os pontos fundamentais; seja assertivo; interligue os conteúdos; evite repetições e revise sempre o material.

5.3.2 Escolha do recurso e organização do material

Definido o conteúdo, a análise seguinte é: como fazer a apresentação? Será por meio de um *software*? Se sim, considere alguns cuidados:

- Quanto menos slides utilizar, melhor. Tenha como referência dois minutos de fala para cada *slide*. Ao apresentá-los, evite lê-los apenas; faça comentários sobre cada um deles. Apenas ler os slides demonstra insegurança e falta de domínio do assunto.

» Não utilize muitas cores na apresentação; considera-se adequado usar até três em cada *slide*. Elas devem contrastar com a cor de fundo. Por exemplo, se utilizar cor escura no fundo, opte por textos com cores claras, como mostra a Figura 5.2.

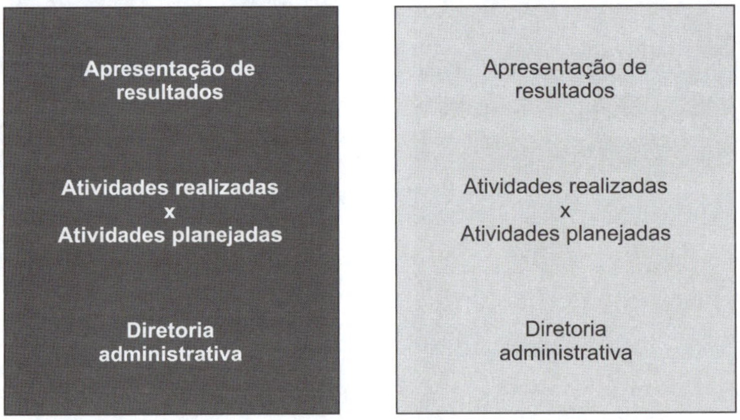

Figura 5.2 - Exemplo de combinação de cores: texto e fundo.

» Defina um padrão de fonte e de cor para a apresentação inteira, ou seja, utilize a mesma cor e o mesmo tamanho de fonte em todos os *slides*, alterando-os apenas em títulos ou para destacar algo. Dê preferência às fontes sem serifa (ou "retas"). Evite deixar o texto em caixa-alta (todas as letras maiúsculas), pois essa formatação provoca cansaço visual. Observe a Figura 5.3.

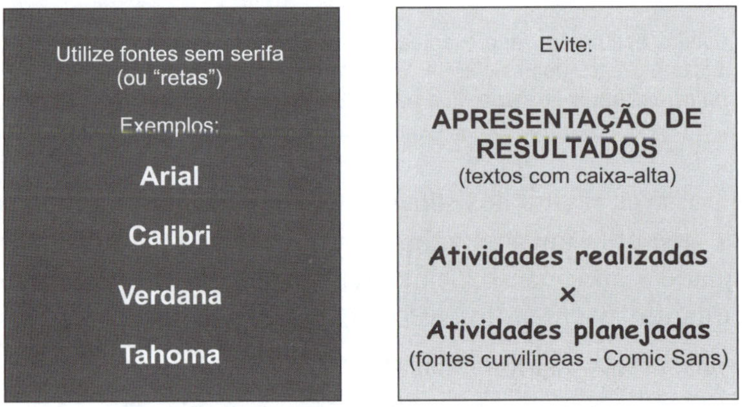

Figura 5.3 - Exemplo de *slides* com diferentes fontes.

» Se quiser inserir animações na apresentação, tome cuidado para não exagerar; caso contrário, elas podem atrair mais atenção do que você (a não ser que esse seja o propósito).

» Evite ativar o tempo automático da apresentação de *slides*, pois é improvável que você consiga a mesma sincronia.

» Uma apresentação de *slides* não deve ter muitas palavras, mas o ideal é que não seja muito concisa. Um bom conjunto de *slides* serve como guia para o apresentador, a fim de que ele não se perca, mas também é útil à plateia, que pode retomar o conteúdo, caso se distraia em algum momento. Veja um exemplo na Figura 5.4 e tire suas próprias conclusões.

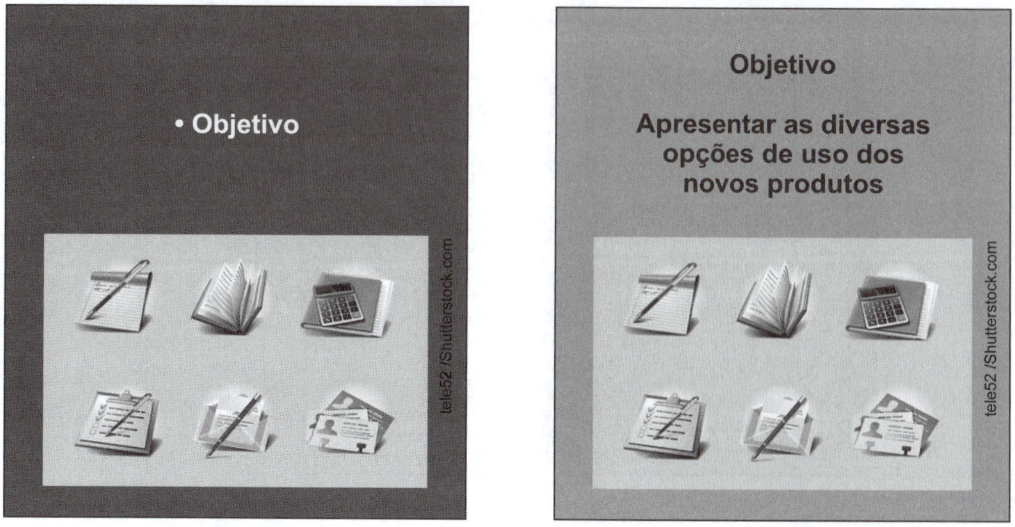

Figura 5.4 - Exemplo de conteúdos dispostos nos *slides*.

Amplie seus conhecimentos

Slides com muitos textos podem demonstrar que o apresentador não está seguro quanto ao conteúdo da palestra. Para evitar textos em excesso, utilize a "regra dos sete"; ela diz que cada *slide* deve ter no máximo sete linhas e cada linha deve ter um limite de sete palavras. Aproveite essa dica para fazer boas apresentações!

» Sempre que possível, inclua nos *slides* gravuras e gráficos para complementar uma ideia. Lembre-se de que uma imagem vale por mil palavras! Se utilizar um gráfico, verifique se ele está adequado à informação. Se utilizar uma tabela, disponha a informação de maneira simples, facilitando o entendimento. Sugere-se não inserir muitos gráficos no mesmo *slide*. De preferência, distribua-os em diferentes *slides*.

Segundo Mattos (2005), durante uma aula ou apresentação, têm-se melhores resultados com relação ao aprendizado e à absorção das informações quando se integram várias mídias e processos dinâmicos às atividades, conforme demonstrado na Figura 5.5. O autor aponta, ainda, que recordamos:

» 10% do que lemos;

» 20% do que escutamos;

» 30% do que vemos;

» 50% das trocas que fazemos com os outros;

» 70% quando fazemos;

» 90% quando ensinamos os outros.

Fonte: MATTOS, 2005, p. 81.

Figura 5.5 - Eficácia dos diferentes meios de aprendizagem.

Conforme o objetivo da apresentação, verifique as estratégias mais adequadas para atingi-lo. A sugestão é integrar recursos; assim, a apresentação fica mais dinâmica e promove melhor entendimento das informações repassadas. Estimule positivamente o público-alvo, mas tome cuidado para não contar piadas em demasia, rir demais e dizer frases de efeito, mas sem ter uma boa mensagem para transmitir.

5.4 Aspectos relevantes sobre o público-alvo

É importante sempre conhecer o público-alvo da palestra. Imagine preparar uma apresentação para professores e, ao chegar à escola, descobrir que o público-alvo são as crianças!

Ao realizar uma palestra, procure saber quantas e quais pessoas estarão presentes, a faixa etária etc. Se for em uma empresa, identifique os profissionais que estarão presentes: a diretoria, os gerentes e coordenadores, a equipe operacional ou de produção etc. Procure saber, ainda, se a apresentação será interna ou externa à organização.

De acordo com o público-alvo, você deve elaborar diferentes abordagens, ou seja, se fizer uma apresentação para jovens, utilize linguagem mais coloquial e exemplos relacionados ao dia a dia deles. Se o público-alvo for composto de profissionais da alta hierarquia de uma empresa, utilize linguagem mais formal e exemplos adequados.

Se possível, procure identificar os valores da plateia: se é adepta de religião específica ou de algum partido político. Dessa forma, pode evitar alguns desconfortos e, até mesmo, conflitos durante a apresentação.

Cabe ao apresentador fazer com que o público-alvo entenda a sua apresentação; portanto, conheça-o para que a mensagem seja transmitida de forma respeitosa e com a menor resistência possível.

5.5 Aspectos relevantes sobre o local da apresentação

É muito importante saber o local onde será realizada a apresentação. É preciso verificar, ainda, se existe projetor (*data show*) e espaço para a projeção dos *slides*, bem como caixa de som, além de saber as dimensões do auditório e se haverá necessidade de microfone. Se sim, vale ressaltar que você deve testá-lo e posicioná-lo de maneira que a voz não fique muito alta nem muito baixa.

Se o evento tiver a participação de vários palestrantes, procure conhecê-los com antecedência, saber quem vai compor a mesa, quem é o organizador do evento, o tempo disponível para cada uma das falas etc. Assim, você saberá como proceder diante do cenário encontrado.

Verifique a iluminação, a disposição dos móveis (para movimentar-se sem problemas ao longo da apresentação) e a temperatura do ambiente. Se houver aparelho de ar condicionado na sala, cuide para que a temperatura fique agradável, entre 21 e 24 graus. Temperaturas muito altas ou baixas dificultam a concentração de todos.

Também existem apresentações para um pequeno grupo de pessoas, como uma reunião. Nesses casos, é comum utilizar o próprio notebook para a apresentação do conteúdo, podendo-se contar, ainda, com o apoio de um tablet ou, até mesmo, de um material impresso entregue a cada participante.

Depois de todas as orientações passadas, você deve estar se perguntando: será que consigo realizar uma boa apresentação? Faça um teste em sua casa e grave-o. Depois, projete a apresentação no computador e tire suas próprias conclusões. Certamente você conseguirá!

Vamos recapitular?

Neste capítulo, você conheceu as principais técnicas de uma boa apresentação, atividade importante para qualquer profissional. É preciso estar sempre pronto para realizar uma palestra, o que pode gerar, a qualquer momento, novas oportunidades!

Aprendeu que, ao elaborar uma apresentação, é preciso estar atento aos seguintes elementos: público-alvo, mensagem a ser transmitida, local da apresentação e instrumentos necessários.

Agora é com você!

1) Que tal elaborar uma lista com os principais pontos a serem verificados antes de uma apresentação? Separe-a em partes, conforme a estrutura deste capítulo.

2) Após conhecer as técnicas de apresentação, elabore uma palestra sobre algum aspecto do empreendedorismo e agende um horário com seu professor e faça a apresentação na sua sala. Ao final, solicite o parecer de seus colegas de classe. Peça a eles que indiquem os pontos fortes e fracos da apresentação. Extraia dos apontamentos fornecidos todas as oportunidades de melhoria possíveis.

6

Negociação Eficaz

Para começar

Neste capítulo, você aprenderá os principais conceitos e aspectos de uma negociação eficaz. Para isso, são apresentadas as principais habilidades exigidas dos negociadores, bem como os perfis desses profissionais durante um processo de negociação. Verá, ainda, os tipos de negociação com base nos resultados: ganha-ganha, ganha-perde, perde-ganha e perde-perde. Você perceberá que já realiza, no dia a dia, várias negociações; agora, conhecendo as técnicas, pode ter melhores resultados!

6.1 O que é negociação?

Profissionais de vários segmentos lidam continuamente com negociações, o que exige o conhecimento de alguns conceitos e técnicas.

Para estabelecer relacionamentos, implantar uma ideia, vender serviços e constituir grupos de trabalho, o profissional precisa negociar. Em outras palavras, a negociação está sempre presente. Negociar faz parte da interação social e tem ligação direta com os relacionamentos pessoais. A boa negociação está, portanto, associada aos processos de comunicação vistos anteriormente.

Em uma negociação, duas ou mais pessoas interagem a fim de compartilhar interesses, de maneira que todas obtenham ganhos. Ademais, as negociações são afetadas diretamente pela personalidade dos indivíduos envolvidos.

O bom negociador concilia os interesses das partes envolvidas sem se valer de agressividade e coerção. A negociação deve proporcionar acordos legítimos, dentro de limites aceitáveis, sem prejuízo para as partes interessadas e para as relações pessoais. Negociar é uma arte; envolve técnicas e métodos bem apurados. Negociar é resolver problemas.

Podemos conceituar negociação eficaz como o ato de ajustar os interesses das partes envolvidas conforme os objetivos pretendidos. Negociar exige barganhar, discutir intenções e pontos de vista, conhecer estratégias de persuasão, realizar desejos, reduzir conflitos, evitar complicações jurídicas, harmonizar as diferenças e promover diálogos; exige, ainda, flexibilidade, como mostra a Figura 6.1.

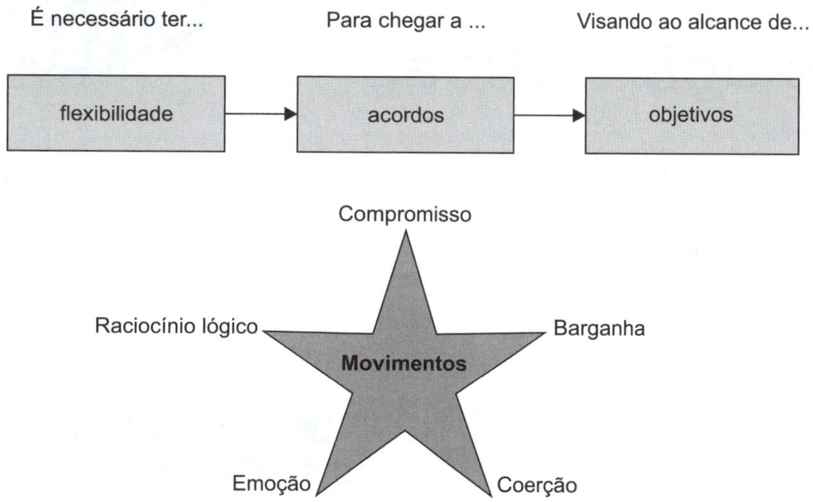

Figura 6.1 - Negociação consiste em mudar de posição.

Perceba que negociar faz parte do cotidiano. A todo momento negociamos algo. Veja, a seguir, alguns exemplos:

- Vendedores de carros negociam preços, modelos e formas de pagamento.
- Administradores negociam com a equipe a solução de problemas relacionados à organização.
- Pais negociam com os filhos os horários de estudo, de lazer e de atividades extras.
- Executivos negociam entre si a compra e a venda de produtos e das próprias empresas.
- Maridos negociam com as esposas o local onde vão passar o fim de semana.
- Países negociam acordos comerciais e fiscais.
- Artistas negociam patrocínios.
- O departamento de operações negocia os horários das atividades com o setor de atendimento.

E você, o que negociou hoje?

6.2 Atitudes de um negociador eficaz

Para conduzir bem uma negociação, é necessário estar atento a diversas variáveis que podem ou não ser controladas. Os principais aspectos a serem considerados para uma negociação eficaz são os seguintes:

- Ter conduta ética: é difícil definir o que é ético, em razão dos diferentes pontos de vista da sociedade. De qualquer forma, honestidade, por exemplo, é um princípio universal e bem-aceito em todas as culturas, portanto deve fazer parte das negociações. Ser coerente, respeitar o próximo e ter intenções claras inspiram na outra parte confiança, elemento essencial para um processo de negociação eficaz.
- Ter autoconhecimento: é preciso conhecer os próprios limites para saber até onde avançar e quando recuar, o que é possível absorver e como se afastar de situações para não perder o autocontrole.
- Conhecer a outra parte: procure saber com quem você vai negociar. Se possível, descubra seu perfil psicológico, além de gostos, *hobbies*, preferências e qualidades pessoais. Essas variáveis afetam a maneira como você deve se vestir, a linguagem a ser adotada e o modo como deve abordar a negociação. Esse assunto será apresentado com mais detalhes ainda neste capítulo.
- Ter objetivos claros: ao ter metas claras, você pode se preparar melhor para definir as estratégias adequadas. É importante saber até que ponto negociar e os fatores que podem ser desconsiderados.
- Conhecer os objetivos do interlocutor: assim como é importante ter objetivos claros, é necessário conhecer os objetivos da outra parte. Esse conhecimento é uma das variáveis que afetam diretamente a estratégia e o limite da negociação.
- Ter flexibilidade durante a apresentação das ideias, opiniões e argumentações: no decorrer das negociações, pode ser necessário revisar os posicionamentos colocados.
- Entender o contexto da negociação: os resultados de uma negociação variam segundo o contexto em que ela ocorre, incluindo: o que é negociado, com quem se negocia e para quando, as condições oferecidas e o motivo da negociação.
- Entender o que não foi falado: muitas vezes, aspectos que deixaram de ser discutidos fornecem indícios sobre fatores importantes que devem ser analisados criticamente, para que seja possível entender melhor os motivos da omissão. A comunicação não verbal também transmite muitas informações.
- Saber dizer não: ter objetivos claros e princípios éticos bem definidos para conduzir a negociação facilita a contraposição de alguma ideia, a fim de não aceitar condições inadequadas aos seus objetivos. Em outras palavras, é necessário saber dizer "não" sem ofender a outra parte.
- Evitar falar mal da concorrência e de outras pessoas: procure ressaltar os aspectos positivos de sua proposta, as vantagens dela em relação ao mercado e os possíveis ganhos de ambas as partes se a condição proposta for aceita.

- Ser um bom ouvinte: é necessário entender o que a outra parte deseja, bem como suas argumentações e aspirações. Para isso, é preciso saber ouvir. Uma das maneiras de estimular essa habilidade é por meio de perguntas; pode-se, também, reiterar colocações feitas pela outra parte, a fim de confirmar o entendimento das ideias apresentadas. Para mais detalhes, basta consultar o Capítulo 3.
- Usar adequadamente a linguagem: evite linguagem coloquial se estiver negociando profissionalmente. Se a negociação envolver profissionais técnicos, use jargões da área; se envolver pessoas leigas, evite termos rebuscados que possam dificultar a negociação.
- Dispor de documentos: conforme a negociação, leve os contratos firmados anteriormente ou outros documentos que facilitem a apresentação de fatos que comprovem a argumentação e ajudem a definir propostas.
- Promover o consenso: em uma negociação, é importante que as pessoas envolvidas cheguem às mesmas conclusões sobre as decisões tomadas. Evite negociações baseadas em votos da maioria, tendo em vista que a tendência da minoria é comportar-se de forma contrária à decisão tomada, enquanto o consenso é oriundo da articulação entre as partes.
- Diminuir os pontos divergentes: procure identificar com antecedência os pontos discordantes entre as partes que participarão da negociação. Verifique como esses aspectos podem ser amenizados, para que não haja preconceitos que dificultem o andamento da negociação.
- Administrar a duração da negociação: verifique o tempo disponível para negociar, inclusive o das partes envolvidas. É importante respeitar o tempo definido para que a conversa tenha a objetividade necessária. As negociações podem ter maus resultados se uma das partes administrar inadequadamente o tempo, perdendo horas com discussões irrelevantes.
- Evitar interrupções: é muito comum ver negociações constantemente interrompidas por chamadas telefônicas. Mantenha o celular no modo silencioso. Caso não seja possível, antes de iniciar uma reunião de negócios, avise que deixará o celular ativado porque aguarda uma ligação importante. As interrupções atrapalham a sequência lógica da negociação.
- Considerar o ambiente em que ocorre a negociação: escolha um local adequado para iniciar a negociação. É muito comum agendar reuniões de negócio no horário do almoço ou do café, no fim da tarde, para obter um ambiente descontraído, no qual a negociação esteja livre das pressões do local de trabalho.
- Saber argumentar: esteja preparado para discutir o assunto a ser negociado. Tenha informações disponíveis para que possa contrapor argumentos e justificar suas colocações. Se for necessário retomar uma negociação, levante o histórico da reunião anterior para saber o que já foi discutido.
- Não se desculpar no início da negociação: nem sempre pedir desculpas é sinal de educação. Se você chegar atrasado, é de bom-tom desculpar-se; no entanto, pedir desculpas no início da negociação por desconhecer o assunto a ser tratado, por exemplo, pode deixá-lo em posição de descrédito.

- Anotar os comentários feitos durante a negociação: sempre leve uma ficha para registrar as informações trocadas durante a negociação. Muitas vezes, ela será útil para retomar pontos-chave esquecidos, importantes para o alcance dos objetivos traçados.

Um negociador eficaz assume todas as posições anteriormente citadas. Sua conduta pode trazer muitas vantagens em uma negociação.

Fique de olho!

Um bom negociador sabe lidar com diferentes percepções, sentimentos de frustração e de raiva, bem como pessoas que têm dificuldade para se comunicar e, ainda, convivem com interesses opostos.

6.3 Estilos de negociadores

É possível identificar vários perfis de negociadores, conforme sua postura em uma reunião de negócios. Escolhemos, para este capítulo, alguns estilos, classificando-os da seguinte forma:

- Estilo baseado na ética: jogador, idealista e pragmático.
- Estilo baseado no objetivo do acordo: colaborativo (amigável) e competitivo (radical).
- Estilo baseado na barganha: afável e áspero.
- Estilo baseado no grau de formalização dos negociadores: formal e informal.
- Estilo baseado no entusiasmo dos negociadores: dominante e condescendente.

6.3.1 Estilo baseado na ética

Caracteriza-se por três perfis (MELLO, 2003):

- Jogador: o negociador encara a negociação como um jogo sem regras sociais. Os blefes e as demais técnicas enganosas são aceitos livremente, mas não é permitido quebrar as regras do próprio jogo. Todos os negociadores devem conhecer as regras e aplicá-las, mas isso não é uma constante. O limite entre a fraude e o blefe é quase imperceptível. Os resultados geralmente ficam na relação ganha-perde (o Tópico 6.4 explica em detalhes os tipos de negociação). Não há confiança nas relações.
- Idealista: consideram-se as regras sociais, contrariamente ao estilo jogador. Os negociadores são sinceros e honestos, mas não deixam claras as suas posições se não forem questionados. Se necessário, eles se utilizam das "mentiras sociais" (aquelas aceitas para manter os bons relacionamentos). Negociadores idealistas respeitam a sociedade e confiam nela. Esse estilo geralmente demonstra pouco poder de negociação. O valor dado à ética pode prejudicar possíveis acordos. O idealista não se sente seguro ao negociar com o jogador.
- Pragmático: postura intermediária em relação aos jogadores e idealistas. A mentira é considerada necessária, mas, se houver outra opção, prefere-se não usar esse artifício. São

negociadores prudentes; acreditam que blefes e táticas enganosas devam ser evitados, mas eles podem ser usados por questão de conveniência – e não por crença – a fim de atingir os objetivos. Aparentemente, o estilo pragmático é ideal nas relações comerciais, pois é mais vantajoso que as posturas anteriores.

Fique de olho!

Negociadores do estilo jogador costumam considerar os idealistas inocentes e distantes da realidade, enquanto os idealistas veem os jogadores como agressivos e egoístas.

Você deve estar se perguntando: afinal, que postura devo adotar? Não existe resposta única nem correta. Tudo depende da negociação e do negociador com quem você deve lidar. Aplique aquela que mais o satisfaça e atenda aos interesses da negociação.

As negociações organizacionais são afetadas por questões como: lucro, concorrência, legalidade das operações, conhecimento dos elementos envolvidos, riscos ligados a acordos ou a resultados não obtidos, valor dos investimentos envolvidos, recompensas e vantagens decorrentes de resultados alcançados. A grande questão é: como a ética permeará esses tipos de negociação? Esse é o desafio!

6.3.2 Estilo baseado no objetivo do acordo

Amato (2002) sugere os seguintes estilos de negociador:

» Colaborativo/amigável: observa os interesses da outra parte e se esforça para atendê-los; ao mesmo tempo, busca seus próprios interesses. Negociadores assertivos sempre atuam para que ambas as partes atinjam suas metas; negociadores complacentes tendem a favorecer a outra parte. Melhores resultados são atingidos pelos negociadores assertivos.

» Competitivo/radical: valoriza suas ideias e seus objetivos em detrimento da outra parte. Tem comportamento mais agressivo; sempre quer ganhar. Suas ideias devem prevalecer. A negociação com pessoas que apresentam esse perfil ocorre em harmonia desde que os interesses dela sejam atendidos; caso contrário, as negociações se tornam conflituosas.

6.3.3 Estilo baseado na barganha

De acordo com Fisher, Urye Patton (2005), existem negociadores com perfil afável e áspero. Veja suas características a seguir.

» Afável: valoriza a manutenção do relacionamento amigável. Busca acordos; lança ofertas. Trabalha por um resultado compartilhado com as partes envolvidas. Mantém o relacionamento por concessão e cessão. É amistoso com o problema e com as pessoas; confia sempre no outro. Tem flexibilidade de negociação, sabe evitar a pressão e ceder a ela, quando necessário.

- Áspero: os outros negociadores são vistos como adversários. Ele busca a vitória pela meta. Faz ameaças e insiste em suas posições. Mantém o relacionamento pela cessão da outra parte. É áspero com as pessoas e com o problema. Desconfia sempre da outra parte; é rígido para fazer prevalecer suas posições e gera pressão.

Os estilos apresentados podem ser classificados conforme a Figura 6.2.

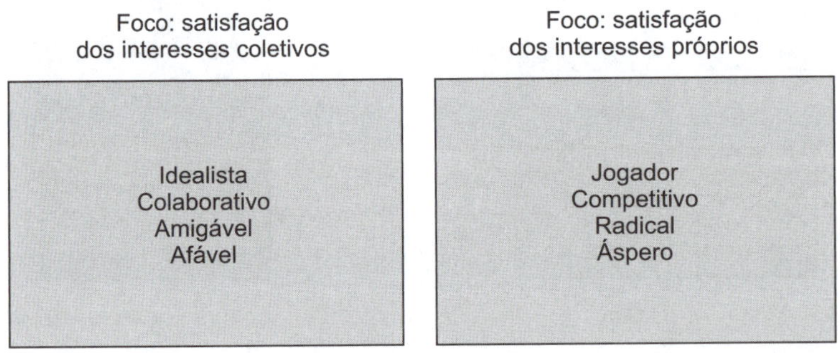

Figura 6.2 - Estilos de negociadores *versus* interesses.

6.3.4 Estilo baseado no grau de formalização dos negociadores

Em um processo de negociação, também encontramos pessoas com diferentes níveis de formalização. Os estilos de negociador podem ser:

- Formal: é sistemático; controla todas as suas falas; não fica relaxado durante a negociação e se apresenta de forma tensa. É sério e não cede espaço para distrações e conversas paralelas; mantém-se frio e distante; não demonstra seus sentimentos.
- Informal: é distraído, quase impulsivo; demonstra seus sentimentos. Também é descontraído, espontâneo, de fácil acesso, entusiasmado e voltado para as relações externas.

6.3.5 Estilo baseado no entusiasmo dos negociadores

Nessa classificação, encontramos dois tipos preponderantes: o dominante e o condescendente.

- Dominante: é ágil; pensa muito rapidamente e tem personalidade forte. Também é ambicioso, ativo, tem iniciativa e autonomia no agir, enfrenta situações e demonstra assertividade.
- Condescendente: age de forma reativa; é paciente e passivo. Espera ser convocado para uma negociação, demonstrando-se ponderado, reflexivo e não competitivo.

Vale lembrar que todos os negociadores, de alguma forma, conhecem os estilos e as táticas de negociação. O ideal é sempre atingir os objetivos de ambas as partes, satisfazendo os diversos interesses. Utilize valores pessoais para nortear o estilo da negociação. Busque sempre a melhor estratégia de acordo com a situação e o contexto.

Se, ainda assim, não souber como agir, acompanhe a reflexão proposta na Figura 6.3.

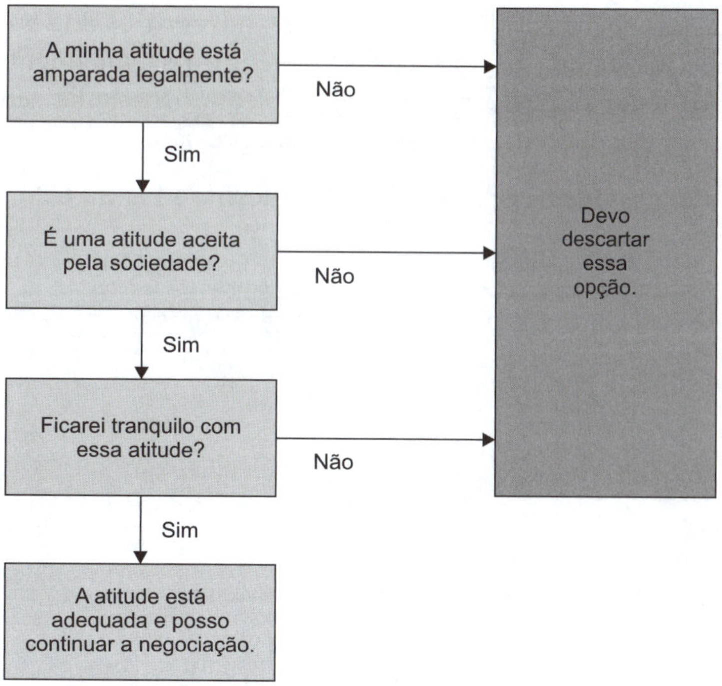

Figura 6.3 - Fluxo para uma reflexão ética sobre a condução de uma negociação.

Fique de olho!

Existem profissionais específicos da área da negociação. Eles possuem tantas habilidades para negociar que são contratados com esse objetivo. Geralmente, são bem remunerados e conseguem muitas vantagens com os acordos realizados.

Podemos concluir, neste tópico, que o profissional que atua com negociações precisa conhecer todos os estilos de negócio, além de apresentar as seguintes características:

- ter muita flexibilidade para conseguir os acordos;
- saber lidar com conflitos;
- lidar bem com o trabalho em equipe;
- comunicar-se bem e ouvir bastante;
- ter criatividade e espírito inovador;
- saber lidar com a diversidade e a multifuncionalidade;
- rapidez no pensamento;
- percepção do contexto da negociação.

6.4 Tipos de negociação

Em uma negociação, é possível obter quatro resultados: ganha-ganha, ganha-perde, perde-ganha e perde-perde.

» Ganha-ganha: como o próprio nome já diz, é uma negociação em que as partes envolvidas atingem seus objetivos de forma satisfatória. Nessa negociação, são desenvolvidos relacionamentos duradouros. Os negociantes fazem concessões e evitam situações constrangedoras para as partes envolvidas; buscam o estado contínuo de colaboração. Você deve estar se perguntando: como é possível conseguir esse tipo de acordo? Eles trocam muitas informações e questionamentos até chegar ao entendimento geral da situação; procuram fortalecer a confiança, compartilhando dados. Se for preciso, reveem a negociação, mesmo que ela já tenha sido finalizada. Como o objetivo é a satisfação de todas as partes, investe-se tempo na relação.

» Ganha-perde: é provável que os acordos não sejam mantidos a médio prazo; a tendência é não haver novas negociações; a parte perdedora acaba por rejeitar os envolvidos no processo. O negociador que trabalha nesse sentido busca apenas o cumprimento de suas próprias metas, mesmo que o outro saia perdendo. Essa negociação é baseada na competição.

» Perde-ganha: ocorre quando uma das partes entrega a negociação apenas a favor do outro, mesmo sabendo que está perdendo. É típica de negociantes que não têm paciência para buscar um acordo. Essa negociação também é baseada na competição.

» Perde-perde: é inerente às negociações que não chegam a nenhum acordo; as partes envolvidas não fazem concessões e as relações de confiança ficam desgastadas. Ninguém ganha; pelo contrário, todas as partes envolvidas perdem. Essa negociação é baseada na competição.

6.5 Fatores culturais que afetam a negociação

As negociações podem ser afetadas por questões culturais. Todos lidamos, de alguma forma, com culturas variadas, seja na sociedade como um todo, nas organizações sociais (igrejas, clubes, associações), nas escolas em que estudamos ou nas empresas em que trabalhamos.

Se você já estudou ou trabalhou em diferentes localidades, deve ter percebido que, em cada uma delas, as pessoas se comportam de uma maneira. Também é possível notar diferenças de conduta, crença, regra, valor e atuação entre chefias, subordinados e clientes. Esses elementos constituem a cultura organizacional, Figura 6.4.

Figura 6.4 - Elementos de uma cultura organizacional.

A cultura organizacional é intangível, ou seja, não podemos tocá-la; é apenas sentida. Ela afeta o modo como as pessoas se vestem, como as mobílias estão organizadas, como as salas são distribuídas e como as pessoas tratam as outras.

Em culturas organizacionais muito formais, é comum as pessoas se cumprimentarem pelo sobrenome e não pelo primeiro nome. Nessas organizações, as relações de poder também são demonstradas claramente por meio do tamanho das salas e das mesas; pessoas da alta hierarquia usufruem de salas e mesas maiores. Às vezes, essas culturas são tão fortes que estimulam, inconscientemente, até as cores das roupas; nesse caso, não nos referimos aos uniformes, mas à escolha da vestimenta pelo profissional.

Para identificar a cultura de uma organização, fique atento às seguintes características: estímulo recebido pelos colaboradores para assumir riscos e promover inovações; precisão no desenvolvimento das tarefas; valorização dos colaboradores e seu envolvimento no processo decisório; estímulo ao trabalho em equipe; nível de competitividade entre as pessoas; valorização da estabilidade durante mudanças organizacionais.

A cultura organizacional representa, muitas vezes, a forma como a empresa foi estabelecida e possui relação muito forte com a personalidade e os valores de seu fundador, que constitui, geralmente, as regras e os princípios norteadores da instituição. O fundador simboliza a genética da organização e a estrutura do pensamento de todas as partes envolvidas; por meio de suas próprias crenças são estabelecidas as bases da cultura empresarial.

Fique de olho!

Além da cultura organizacional, definida formalmente ou não, existem as subculturas. Por exemplo: as pessoas que trabalham na área comercial possuem condutas e atitudes bem diferenciadas das que trabalham na área financeira. Um dos motivos é que as atividades inerentes a cada área exigem posturas diversificadas.

Organizações de grande porte costumam formalizar sua cultura por meio de manuais e documentos em geral. Neles, são definidas regras de convivência, instruções para a elaboração de memorandos e outras documentações internas, normas de uso da Internet e de outros meios de comunicação, entre outras orientações.

Muitas organizações também estabelecem a linha geral de sua cultura ao definir missão, visão e valores institucionais. A missão consiste na razão de ser de uma empresa: sua finalidade e sua grande função. A visão define o objetivo de longo prazo da organização: onde ela deseja chegar e como quer estar posicionada no mercado. Os valores definem as principais características comportamentais esperadas de todos que trabalham direta ou indiretamente para a organização.

Além dos aspectos ligados à cultura organizacional, é preciso levar em conta, no caso de negociações internacionais, a cultura dos países envolvidos. Chineses, brasileiros, norte-americanos, franceses, japoneses, latinos possuem posturas e valores que devem ser observados.

Um bom negociador deve ficar atento à cultura da pessoa com quem negocia, de acordo com sua nacionalidade. Isso é essencial para a obtenção de bons resultados.

A cultura afeta a maneira como as pessoas se sentem, pensam e agem. Fique atento à linguagem utilizada e aos gestos da outra parte. Se não souber como os outros negociadores conduzem as reuniões, defina, de início, algumas regras de conduta. Assim, você minimiza as dificuldades do processo de negociação.

Também é importante, ao realizar negociações com outros países, conhecer suas regras legais e tributárias, além de aspectos religiosos, protocolos de relacionamento, linguagem utilizada nas negociações e costumes alimentares, pois esses elementos podem facilitar ou impedir uma negociação.

Conheça, na Tabela 6.1, algumas diferenças culturais impactantes entre os negociadores norte-americanos, japoneses, brasileiros, chineses, ingleses, alemães, argentinos, chilenos, franceses e italianos.

Tabela 6.1 – Características dos negociadores de diferentes países

Norte-americanos	Japoneses
Realizam planejamento prévio. Conhecem bem os assuntos negociados. Sabem negociar com pressão. Valorizam o cumprimento dos horários. Valorizam os retornos rápidos. Não se deixam levar pela emoção nas decisões. São ágeis para tomar decisões e iniciar as atividades acordadas.	Valorizam o relacionamento interpessoal. Mantêm-se distantes nas relações. Planejam-se muito antes de agir. Buscam o consenso. Demonstram grande habilidade de ouvir. São perceptivos, dedicados e respeitosos. Buscam resultados de longo prazo. Ainda consideram as mulheres inferiores aos homens.
Brasileiros	**Chineses**
Valorizam o relacionamento interpessoal. São amigáveis e sociáveis. Buscam obter vantagens nas situações em geral. Não realizam planejamento adequado. Aceitam bem o improviso. Não demonstram assertividade e clareza nos objetivos.	São formais nos contatos. São persistentes. Realizam planejamento prévio. Usam as técnicas de negociação. Conhecem bem os assuntos negociados. Valorizam a troca de presentes durante a negociação. Não têm pressa nas negociações. Não negociam sozinhos. Não cumprimentam com apertos de mão.

Ingleses	Alemães
Valorizam o cumprimento dos horários. São conservadores e clássicos. Não usam PRIMEIROS nomes próprios, MAS O SOBRENOME. Não utilizam títulos acadêmicos em suas apresentações. Um desacordo é conversado de forma sutil, evitando respostas diretas, pois são consideradas grosseiras e deselegantes.	Não lidam bem com incertezas e improvisos. Valorizam o conteúdo das negociações. Têm uma cultura individualista. São cerimoniosos. Valorizam o status e os membros de alta hierarquia. Gostam de ser reconhecidos pelos títulos acadêmicos. Valorizam o cumprimento dos horários. São objetivos; não gostam de rodeios. Valorizam a qualidade e a durabilidade; não buscam preços mais baixos.
Argentinos	**Chilenos**
São tolerantes em relação a atrasos, desde que não sejam abusivos. Valorizam as titulações acadêmicas. Gostam de conversar sobre esportes e família. Apreciam churrascos. Passam muito tempo em cafeterias (se chamá-los para um café, monitore o tempo).	São mais formais. Valorizam as titulações. Valorizam a pontualidade. Gostam de vinhos e de frutos do mar.
Franceses	**Italianos**
São adeptos de relações formais. Vestem-se elegantemente. Valorizam a pontualidade. Têm atitudes profissionais e sérias nas relações. Gostam de conversar sobre família, bebidas, viagens etc. Consideram a privacidade muito importante.	Valorizam a estética e o bom gosto. Valorizam a pontualidade; se possível, sempre confirmem os encontros. Têm postura profissional. Apreciam a culinária. Gostam de ser reconhecidos pelo título e pelo sobrenome.

6.6 Regras para uma negociação estratégica

Para finalizar este capítulo, que apresentou os conceitos e as características de uma negociação eficaz, é importante fornecer mais algumas considerações para que seja possível obter bons resultados:

» Uma boa negociação pressupõe um planejamento adequado; item do Capítulo 7.

» Defina as possibilidades de negociação e os limites aceitáveis antes de iniciá-la.

» Saiba claramente o que deseja alcançar.

» Separe as discussões pessoais dos problemas negociados. Não confunda as relações.

» Atenha-se ao seu objetivo; não fique discutindo sobre quem tem razão ou a melhor posição. Não perca tempo com questões individuais.

» Entenda que a outra pessoa envolvida na negociação tem a peça do "quebra-cabeça" necessária para completá-lo, ou seja, para chegar a um acordo positivo.

- Esforce-se para defender seu posicionamento, mas não seja arrogante nem tente sobrepor-se ao outro.
- Se perceber que sua estratégia não está adequada, corrija-a em tempo hábil. É melhor ajustar do que perder.
- Não queira promover uma competição; você pode sair como perdedor.
- Transmita confiança e acredite que você está conduzindo a negociação da melhor forma.

No próximo capítulo, você terá acesso a mais informações para que suas negociações sejam cada vez mais eficazes.

Vamos recapitular?

Neste capítulo, você aprendeu os principais conceitos envolvidos em um bom processo de negociação. Teve a oportunidade de conhecer os diferentes estilos comportamentais de cada negociador e como lidar com eles.

Foram apresentados os possíveis resultados de uma negociação: ganha-ganha, ganha-perde, perde-ganha, perde-perde. Cada resultado gera diferentes posicionamentos nos envolvidos, desde sentimentos positivos até negativos, podendo favorecer a constituição de bons relacionamentos a longo prazo ou, ao contrário, prejudicar relacionamentos favoráveis existentes.

Por fim, recebeu orientações para a obtenção de bons acordos. Dessa forma, é possível perceber que negociar envolve arte, conhecimento e técnica.

Agora é com você!

1) Com base nos conceitos apresentados, defina negociação. Na sua opinião, quais fatores devem ser considerados em uma negociação para que ela seja bem-sucedida?

2) Pesquise em revistas, jornais e matérias na Internet algumas reportagens sobre casos reais de negociação e faça a seguinte análise: quem realizou a negociação? Qual foi o objetivo? Ele foi alcançado? Quais foram as habilidades utilizadas? O resultado da negociação foi ganha-ganha, ganha-perde, perde-ganha ou perde-perde?

3) Enumere as principais características de cada um dos estilos de negociadores. Em seguida, faça uma autoavaliação para saber em qual perfil você se enquadra. Então, trace um plano de melhoria dos pontos que considerar importantes para o desenvolvimento de sua postura como negociador eficaz.

4) Pense em um local que você costuma frequentar e caracterize sua cultura organizacional. Quais são os elementos facilmente perceptíveis? Como essa cultura pode afetar uma negociação?

7

Fases de uma Negociação Eficaz

Para começar

Neste capítulo, você aprenderá a planejar uma negociação a fim de obter resultados eficazes. Perceberá que o processo de negociação é evolutivo: cada fase tem um objetivo que deve ser atingido para que a fase seguinte possa ter início.

Dessa forma, verá que nenhuma negociação deve ocorrer aleatoriamente, mas de modo bastante racional, sistemático e estruturado, com objetivos claros para todas as partes envolvidas.

Também aprenderá a identificar uma relação ganha-ganha e buscá-la continuamente, atuando com ética e respeitando as diversidades de uma negociação.

7.1 Visão geral do planejamento de uma negociação

No capítulo anterior, você conheceu vários aspectos importantes da negociação, principalmente relacionados ao comportamento dos negociadores. Este capítulo explica como planejar de forma estruturada a negociação, com técnicas que facilitam o acompanhamento de cada uma das fases, que podem ser retomadas, se necessário, para adequar a negociação e dar continuidade ao processo.

Paralelamente ao processo de negociação, existe uma tensão natural do profissional que, a todo o momento, se questiona: será que conseguirei atingir os objetivos? Será que haverá acordo?

Serei compreendido? Como a outra parte reagirá? A negociação será ética e harmoniosa ou conflituosa, com blefes?

Mello (2003) representou esse estado de tensão – natural em um processo de negociação – em um gráfico, adaptado na Figura 7.1, que demonstra um aumento do estado de tensão ao longo da negociação; mas, ao final, à medida que o processo encaminha para a finalização, a tensão é diminuída.

Referimo-nos, no caso, a uma negociação que passou, com sucesso, por todas as fases explicadas mais adiante. Caso a negociação não ocorra conforme o esperado, o estado de tensão pode aumentar e durar mais. Se houver muitas intercorrências durante a negociação, não deixe de solicitar ajuda e, se necessário, peça à empresa que convoque um mediador, a fim de reduzir ou eliminar as tensões.

Alguns profissionais são especializados em mediar conflitos em negociações, portanto não se sinta constrangido caso passe por essa situação. Em negociações entre grandes corporações, por exemplo, ou entre países envolvidos em disputa comercial e política e desacordos judiciais, entre outras situações adversas, é comum a figura do mediador.

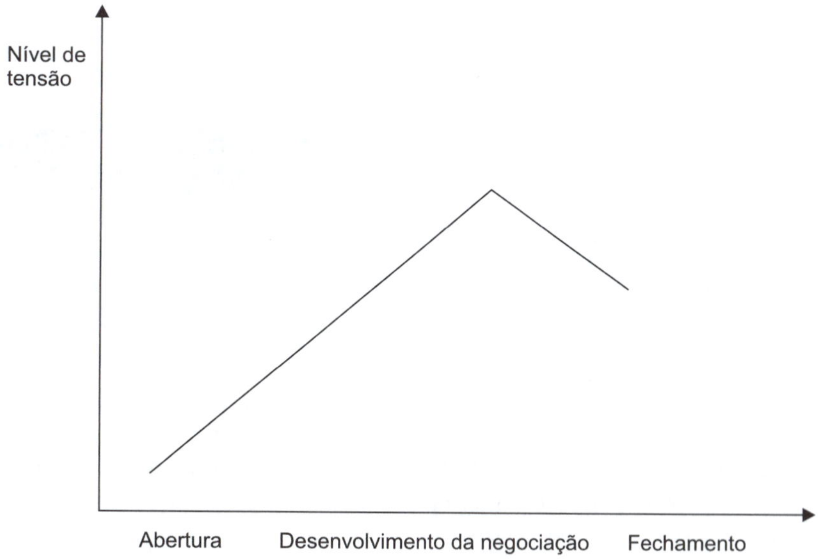

Fonte: Adaptado de MELLO, 2003, p. 65.

Figura 7.1 - Fases da negociação *versus* nível de tensão.

Uma negociação pode ser estruturada em seis fases, representadas na Figura 7.2. Se o propósito de cada fase não for atingido, isso pode prejudicar toda a negociação. As orientações de cada etapa devem ser repassadas às partes envolvidas com ética, sempre buscando um acordo amigável e sustentável.

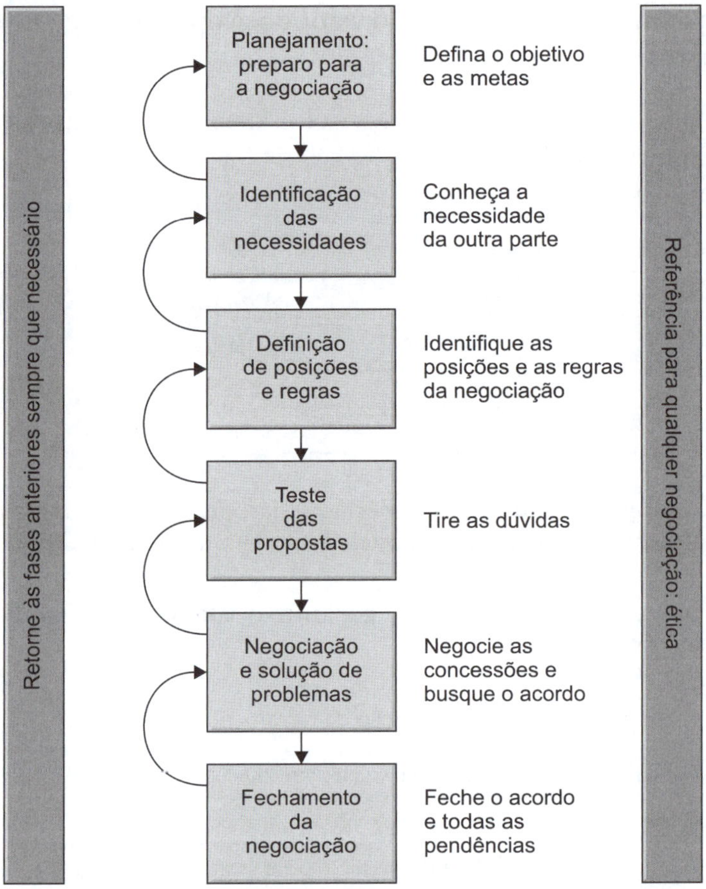

Figura 7.2 - Passos para uma negociação estruturada e eficaz.

7.2 Planejamento: preparo para a negociação

Realizar uma negociação sem planejamento é muito arriscado, pois você pode deixar de abordar aspectos importantes. Dedique-se à fase de planejamento e usufrua de todo o processo posterior. Caso ela não seja bem executada, as outras fases podem nem ocorrer! Para essa etapa, sugerimos as orientações dos tópicos a seguir.

7.2.1 Defina o objetivo

Identifique o que deseja com a negociação e defina uma maneira de verificar se a meta traçada foi atingida ou não; se possível, crie um referencial quantitativo/numérico para determinar isso.

Por exemplo, imagine que você vai negociar uma renovação contratual, estimando um aumento de 20% sobre o valor do contrato atual. Você pode dizer que o objetivo é renovar o contrato, considerando um aumento de 20% sobre o valor do acordo atual, e que o prazo para renovação é de 60 dias.

Para definir metas, utilize a técnica SMART (Specific, Measurable, Attainable, Realistic, Tangible), indicada na Figura 7.3.

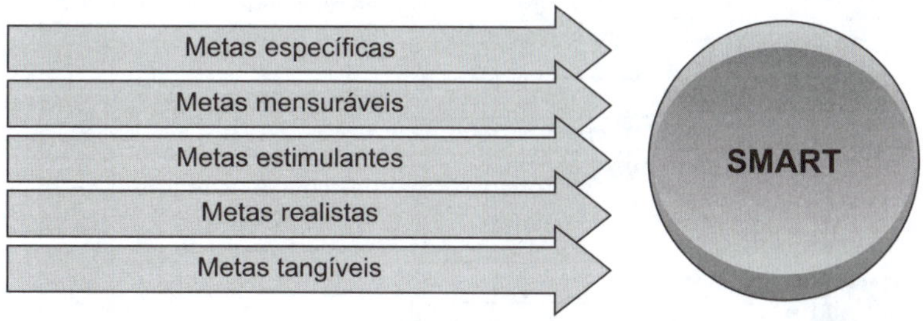

Figura 7.3 - Técnica SMART: metas específicas (*Specific*), mensuráveis (*Measurable*), alcançáveis (*Attainable*), realistas (*Realistic*) e tangíveis (*Tangible*).

Ter objetivos claros é uma das formas de garantir o sucesso da negociação. Veja um exemplo de uso da ferramenta SMART na Tabela 7.1.

Tabela 7.1 – Aplicação da ferramenta SMART

Meta específica (*Specific*)	Aumentar o valor do contrato.
Meta mensurável (*Measurable*)	Aumentar em 20% o valor do contrato.
Meta alcançável (*Attainable*)	Será possível incorporar novas técnicas de gestão. Todos os envolvidos ficarão mais satisfeitos ao atingir a meta.
Meta realista (*Realistic*)	O aumento dos serviços justifica a cobrança adicional.
Meta tangível (*Tangible*)	O valor adicional em razão dos serviços realizados.

7.2.2 Levante informações

Conheça a pauta da negociação; estude e pesquise informações referentes a ela. Tenha dados atualizados sobre as questões envolvidas. Essas informações permitem criar argumentos, aumentando a capacidade de persuasão, e fornecem uma visão mais ampla da negociação, incluindo possibilidades e concessões.

Se a negociação for técnica, procure familiarizar-se com palavras e informações da área. Assim, você transmitirá maior credibilidade. Pesquise os aspectos legais que envolvem essa negociação.

Por exemplo, se a negociação envolver hospitais e uma operadora de plano de saúde, é necessário conhecer a Lei n. 9.656/98 (que regulamenta planos privados de assistência à saúde no país) e toda a regulamentação da área, pois o conhecimento legal e o funcionamento de cada uma das partes influem diretamente nas decisões.

O uso da Internet para o levantamento de informações é essencial. Ao negociar com uma empresa, visite o site dela; veja os produtos e serviços que ela oferece. Procure identificar os valores dessa empresa de acordo com os conteúdos publicados. Verifique, ainda, se ela participa de redes sociais e se as informações estão atualizadas.

É muito interessante, ao iniciar a negociação, comentar a pesquisa realizada, enfatizando algum ponto importante acerca do que foi publicado sobre a empresa. Se a negociação envolver valores ou pagamentos de despesas passadas ou futuras, verifique nos sites os comentários dos clientes sobre aquela empresa.

Mesmo que a negociação envolva uma pessoa, não uma empresa, é essencial saber com quem você está falando.

7.2.3 Conheça a pessoa com quem vai negociar

No capítulo anterior, apresentamos vários estilos de negociadores. Identifique - se possível, antes da negociação - o estilo da pessoa com quem pretende negociar; assim, você pode se preparar adequadamente e saber como lidar com ela. Também levante as informações citadas no tópico anterior.

Se a negociação for entre empresas, também é importante conhecer o canal de negociação da organização. No mundo empresarial, várias pessoas participam de um processo de negociação, não apenas o negociador que estará na reunião.

Por exemplo, se a negociação for comercial, para vender produtos e serviços, é necessário identificar previamente os participantes, conforme a Figura 7.4. Saiba quem deseja negociar, quem são os influenciadores, os decisores, os compradores, entre outros, pois todos exercem um papel importante ao longo do processo de negociação.

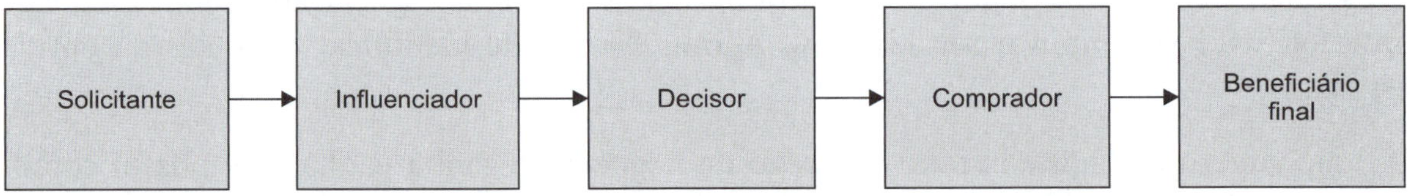

Figura 7.4 - Possíveis participantes de uma negociação empresarial.

Veja, na Tabela 7.2, o papel de cada um desses participantes no processo de negociação.

Tabela 7.2 - Participantes de uma negociação empresarial e seus papéis

Solicitante	É a pessoa que gera a solicitação com base em alguma necessidade. Nem sempre ela estará presente na negociação.
Influenciador	Geralmente, é o profissional técnico que entende do assunto e sabe como resolver determinadas situações. Costuma participar da negociação com o intuito de validar tecnicamente o que é discutido.
Decisor	Profissional que decide se a negociação será concretizada. Normalmente, não está presente na negociação.
Comprador	É quem compra um produto ou serviço. Geralmente, participa da negociação.
Beneficiário final	É a pessoa que se beneficia dos serviços ou produtos negociados. Em alguns casos, ela participa da negociação, para garantir que suas necessidades sejam atendidas.

Fique de olho!

A pessoa que retém o poder de decisão evita, muitas vezes, participar do processo inicial de negociação. É uma estratégia para flexibilizar as possibilidades. O decisor deixa que um representante negocie determinados acordos e, geralmente, sugere opções diversas para atingir um resultado; ele somente participa das reuniões se for imprescindível. É uma forma de conceder maior elasticidade às negociações. Essa técnica é muito recomendada!

Quanto maiores os valores, riscos e impactos envolvidos, maior o número de participantes diretos ou indiretos da negociação.

As negociações na área pública, por exemplo, costumam ser lentas e ter a participação de muitos profissionais. No Brasil, um dos fatores que promovem essa lentidão é a Lei n. 8.666/93, que define as regras de licitação.

7.2.4 Separe as pessoas do problema

Ao iniciar uma negociação, evite misturar relações pessoais e profissionais. Identifique o objetivo e o problema da negociação. Não permita, ainda, que sentimentos e emoções afetem o desempenho da negociação.

Caso não se sinta à vontade para negociar com uma pessoa, solicite ajuda ou transfira a negociação. Informe que existe conflito pessoal ou de interesse com a outra parte.

7.3 Identificação das necessidades

Essa fase identifica os objetivos da outra parte envolvida na negociação. Vale ressaltar que, na fase anterior, você já definiu o seu objetivo. Agora, é a vez de identificar as metas da outra parte interessada.

Como sugerimos, neste livro, o emprego da negociação ganha-ganha, que possui como meta um acordo colaborativo e ético, favorecendo as duas partes envolvidas, é imprescindível que você esteja atento aos interesses do outro negociador.

Para isso, faça perguntas amplas e converse abertamente com a outra parte. Pergunte o que ela deseja, quais são suas necessidades e que tipo de acordo seria mais agradável. Além de ampliar as suas possibilidades de percepção, esses questionamentos geram mais confiança na relação e podem criar outras alternativas não identificadas inicialmente.

7.4 Definição de posições e regras

É importante estabelecer regras para que a negociação ocorra dentro de princípios éticos, legais e morais. Esclareça o seu limite de negociação; diga o que pode ser aceito ou não. Tudo que é combinado previamente facilita acordos futuros.

Veja com a outra parte, também, os limites e as possibilidades dela. Busque o diálogo como elemento para o equilíbrio ao definir acordos.

Em algumas negociações, as regras são definidas pela área jurídica da organização. Nesse caso, é importante conversar com os profissionais dessa área e tirar todas as dúvidas de antemão ou mesmo durante a negociação. Não encerre uma negociação antes do parecer final do jurídico; assim, você evitará problemas para todos os envolvidos.

É comum documentar os limites da negociação, como valores, prazos, especificações, entre outros elementos essenciais. Dessa forma, quem solicita a negociação passa para o negociador todas as orientações por escrito. Cabe ao negociador, então, utilizá-las para estabelecer mais claramente, com a outra parte, as posições e regras.

7.5 Teste das propostas

Neste ponto da negociação, é comum fazer as seguintes perguntas: a proposta está adequada? Escolhemos as melhores alternativas? Existem outras opções? Para isso, os seguintes cuidados são fundamentais:

» Ter flexibilidade: é essencial para o sucesso da negociação. Ela permite acordos ganha-ganha, pois a negociação não é norteada por imposições, posições unilaterais e uma única possibilidade, mas é flexível, podendo abranger diferentes concessões. A falta de flexibilidade pode dificultar e até mesmo cancelar uma negociação, além de gerar uma situação constrangedora para os envolvidos.

» Ter diversos planos e alternativas: você já imaginou realizar uma negociação e perceber que o objetivo da outra parte é totalmente diferente do que você tinha imaginado? Isso pode acontecer, mesmo que você tenha realizado adequadamente as fases anteriores. O que fazer em uma situação dessas? Mais uma vez, é importante demonstrar flexibilidade e estar aberto a outros planos. Em outras palavras, é necessário ter planos para situações adversas. Então, faça a seguinte pergunta: quais são os planos disponíveis para a negociação? É nesse momento que você deve recorrer aos seus limites e concessões. Evite ter uma única solução; caso contrário, a negociação ficará muito restritiva e com poucas possibilidades de acordo.

» Estar preparado para diferentes condições: quando negociar concessões, se necessário, condicione-as a outros ganhos. Por exemplo, se você aceitar um acordo por um valor abaixo do esperado, mas sugerir, por exemplo, que a contratação dos estagiários seja responsabilidade da outra parte, abrirá mão de um retorno financeiro maior, mas, em compensação, diminuirá as despesas com recrutamento.

» Fazer anotações ao longo da negociação: anote as informações repassadas, pois você precisará delas ao final da negociação, quando deve ler todos os tópicos discutidos e verificar se os acordos foram compreendidos. É melhor garantir o entendimento dos itens acordados do que gerar dúvidas posteriores e mal-entendidos. Algumas organizações sugerem que a negociação seja registrada para futuras pesquisas ou mesmo para a supervisão de uma área ou substituição de um colaborador. Dessa forma, a empresa mantém o histórico das ocorrências. Muitos profissionais que trabalham com negociação se queixam, às vezes, de precisar fazer anotações, alegando que elas tomam muito tempo, mas registrar as informações e mantê-las disponíveis são itens essenciais para a manutenção empresarial. Veja, na Figura 7.5, um modelo de ficha de negociação, que pode ser adaptado conforme a necessidade.

Ficha de negociação

Data da negociação: __/__/__ Data do fechamento: __/__/__ Negociador: ________________

Nome do cliente: ________________________ Empresa: ____________________

Endereço: ______________________________ Cidade: ____________________

Telefone: __________ Fax: __________ E-mail: ____________________

Perfil do cliente: ____

Quem solicitou a visita? Cliente ( ) A própria empresa ( )

Objetivo da negociação: ____

Contato

Nome do profissional	Cargo	Tem poder de decisão
		( )Sim ( ) Não
		( )Sim ( ) Não

Histórico da negociação

Figura 7.5 - Modelo de ficha de negociação.

7.6 Negociação e solução de problemas

Verifique se todos os pontos da negociação foram discutidos e se existe consenso sobre a solução acordada. Veja se os prós e contras foram identificados, além dos ganhos e das perdas com a negociação. Os aspectos apontados são aceitáveis? O acordo resolve os problemas? As pessoas estão satisfeitas com os resultados?

Se a resposta a essas perguntas for positiva, significa que ocorreu uma relação ganha-ganha: a negociação teve características colaborativas, apresentou a base ideal de valores e, portanto, deve promover uma relação de confiança e novas oportunidades futuras. Observe a Figura 7.6.

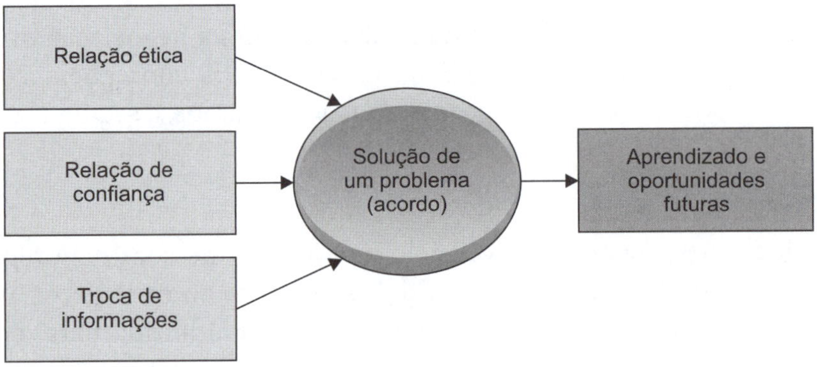

Figura 7.6 - Características de uma negociação colaborativa.

7.7 Fechamento da negociação

Todas as fases anteriores desencadeiam o fechamento da negociação. Saber finalizá-la requer do negociador uma atitude assertiva.

Esclareça com a outra parte se a negociação está encerrada, fazendo perguntas como: quando começaremos as atividades? Quando podemos tirar todos os produtos da empresa? Já podemos dar andamento nos acordos? Em que dia o contrato estará liberado?

Lembre-se de que o fechamento não é um processo natural das negociações. Alguns negociadores são ótimos para cativar e prospectar clientes, realizar apresentações e sugerir soluções, mas não conseguem finalizar a negociação. Eles têm medo de receber um "não". Você já imaginou a perda de tempo nesse caso? Para não vivenciar tal situação, siga estas orientações:

» Faça um resumo de todas as fases da negociação.

» Garanta que todas as questões tenham sido discutidas e que haja um consenso.

» Veja se resta alguma pendência.

» Confirme o fechamento por meio de perguntas: encerramos? Está tudo acordado?

» Se tiver dúvidas, volte a negociar.

» Agilize o processo de encerramento para iniciar, na prática, os acordos negociados.

Se tudo deu certo na negociação, as partes devem começar a colocar em prática os acordos e cumprir as promessas negociadas.

A negociação é um processo formado pelas etapas apresentadas neste capítulo; cada uma delas tem, no entanto, características e objetivos específicos.

7.8 Táticas usadas em uma negociação

Mesmo com um planejamento benfeito, é muito comum haver impasses, dúvidas e outros questionamentos ao longo da negociação.

Algumas táticas podem ser utilizadas para ganhar tempo na negociação ou mesmo para obter mais informações sobre o negócio. Dessa forma, os envolvidos conseguem conduzir o processo de maneira amigável e agradável, sem prejudicar as relações. Citamos, a seguir, algumas dessas táticas:

Sugestão 1 – Evite ir a uma negociação sozinho

Em muitas negociações, sugere-se haver pelo menos duas pessoas para representar cada lado. Assim, um parceiro pode complementar as explicações do outro ou estabelecer um contraponto que o colega não tenha apresentado. Essa tática também pode ser utilizada para que cada negociador assuma uma posição. Por exemplo: um passa a ser o "prudente"; o outro, o "liberal". Com isso, é possível flexibilizar posições durante a negociação.

Sugestão 2 – Constitua parcerias

Se você conseguiu levantar informações sobre a empresa ou pessoa com quem vai negociar, identifique parcerias que podem favorecer o acordo. Por exemplo, se for negociar a troca de um fornecedor de serviços, estabeleça, também, uma parceria com um fornecedor de equipamentos necessários ao serviço a ser realizado.

Sugestão 3 – Surpreenda a outra parte

Você pode surpreender positivamente a outra parte, obtendo alguma concessão que facilite a negociação. Por exemplo, conseguir treinamentos e diárias em hotéis para a estadia da equipe que vai instalar os equipamentos adquiridos pela empresa com a negociação.

Sugestão 4 – Utilize as limitações de autonomia em seu favor

Essa tática é muito aplicada, porque permite repensar todo o plano de negócio. Ao se deparar com um impasse, você pode alegar que não tem autonomia para resolvê-lo, ganhando tempo para rever sua posição.

Sugestão 5 – Estabeleça um limite orçamentário

Essa tática é muito semelhante à anterior, mas a justificativa será a falta de disponibilidade financeira. Nesse caso, você também terá de informar a necessidade de recorrer a um superior para obter aprovação. Também pode empregar essa técnica no sentido contrário: ao iniciar a reunião, informe que já tem aprovação para negociar o valor.

Sugestão 6 – Solicite a ajuda de um especialista

No decorrer da negociação, se tiver dúvidas sobre as questões em pauta, solicite a ajuda de um especialista no assunto. Dessa forma, você terá mais segurança para conduzir o processo.

Sugestão 7 - Evite a prática do leilão (se for o caso)

O leilão ocorre quando várias empresas participam de uma negociação cujo ponto central seja a oferta de valores. Essa técnica é utilizada até que um negociador proponha um preço que nenhum dos concorrentes possa cobrir.

Sugestão 8 - Estabeleça um tempo para a negociação

Verifique quanto tempo você precisa reservar para a negociação. Esse limite pode ser estabelecido para a negociação como um todo, para cada fase e, até mesmo, para as reuniões. Não delimitar a duração de uma negociação pode gerar perda de tempo e, em alguns casos, até colocar em risco o sucesso do negócio.

Sugestão 9 - Informe suas conexões

Conforme a situação, vale a pena informar aos interessados as conexões que você possui com as pessoas envolvidas na negociação, principalmente quando se tratar dos superiores da outra parte. Somente aplique esse recurso se realmente for necessário; do contrário, pode parecer arrogância e dar a impressão de que você está usufruindo inadequadamente de seus relacionamentos.

7.9 Ética nas negociações

A boa negociação atende aos objetivos de todas as partes interessadas, também conhecidas como *stakeholders*. Sempre que há interesse e boa-fé, é possível encontrar alternativas de ganho comuns, pois os negociadores não são adversários, mas colaboram para solucionar problemas.

Amplie seus conhecimentos

Stakeholders é o nome utilizado para citar todas as partes interessadas numa empresa, que são os clientes, acionistas, funcionários, parceiros, sociedade, governo e todos os outros que de alguma forma sejam afetados e beneficiados pelas ações de uma organização.

Nesse sentido, tenha em mente as seguintes instruções, que compõem uma conduta ética nas negociações:

» Os interesses das partes envolvidas devem ser atendidos de forma que ninguém seja prejudicado.

» As soluções devem trazer benefícios a curto, médio e longo prazo.

» As negociações com bons resultados geram relacionamentos duradouros e possíveis novos contratos.

» Uma postura positiva, honesta e confiante só proporciona novas oportunidades.

» Evite querer tirar vantagem de tudo; compartilhe os ganhos.

» Evite conflitos e impasses desnecessários; não force a obtenção dos resultados.

- Esteja legamente amparado em todas as suas decisões.
- Coloque em prática os acordos definidos na negociação.

Afinal de contas, que atitudes podem ser consideradas antiéticas? São todas aquelas infundadas, sem garantia nem rastreabilidade, não executáveis, que divulgam dados sigilosos ou promovem informações falsas, que geram pressão de apelo pessoal e familiar, que distorcem a análise de dados e são fraudulentas, entre outras.

Vamos recapitular?

Neste capítulo, você conheceu as principais fases de uma negociação, que envolve um bom planejamento e atenção a todas as fases. Mais uma vez, fica evidente que negociar exige técnica; quanto maior a negociação, mais qualificado o negociador precisa ser. Ao longo de todo o capítulo, foram repassadas orientações a fim de que a ética permeie todas as relações durante uma negociação.

Agora é com você!

1) Apresentamos, neste capítulo, várias fases pelas quais uma negociação passa e o objetivo de cada uma. Imagine que você deva planejar uma negociação. Defina o seu objetivo utilizando a técnica SMART.
2) Com base nas explicações deste capítulo, elabore um resumo contendo os tópicos mais importantes de uma negociação eficaz (aplicáveis à sua realidade).
3) Em uma negociação, é preciso considerar vários aspectos sobre a ética. Podemos até dizer que uma situação é legal, mas não é ética. É muito complexo discutir esse assunto. Imagine que alguém lhe ofereça suborno durante uma negociação, para que você aprove um novo contrato. Como você reagiria a essa situação sem prejudicar a negociação?

8

Levantamento das Necessidades do Cliente

Para começar

Neste capítulo, você constatará a importância dos clientes para a sustentabilidade das empresas a longo prazo. Conhecerá algumas técnicas para o desenvolvimento de pesquisas de satisfação dos clientes internos e externos, as quais consistem em uma metodologia de diagnóstico organizacional.

Serão apresentadas, ainda, algumas modalidades de pesquisa e, por fim, o tratamento das reclamações feitas pelos clientes. A avaliação das reclamações e pesquisas tem como objetivos: aperfeiçoar o atendimento ao cliente, promover mudanças organizacionais e cumprir as exigências do Código de Defesa do Consumidor e dos diversos estatutos reguladores do relacionamento com o cliente.

8.1 Objetivo das organizações: o cliente

Em todos os segmentos do mercado, percebemos que a competitividade entre as organizações cresce diariamente. Os produtos estão cada vez mais similares e, em muitos casos, a diferença é vista no preço, mas essa não é a melhor forma de manter a vantagem competitiva entre as empresas.

Algumas empresas investem fortemente no *design* de seus produtos e em inovações tecnológicas, mas rapidamente são copiadas pelos concorrentes, perdendo seus diferenciais. Diante disso, as empresas têm se preocupado em promover diferentes experiências a serem vivenciadas pelos clientes, aprimorando, assim, a prestação de serviços.

Elas passaram a investir em centrais de atendimento; ouvidorias; balcões de reclamações, sugestões e dúvidas; suporte técnico; *chat on-line* 24 horas etc. Todas essas opções visam, exclusivamente, fortalecer as relações com os clientes, a fim de que eles se tornem fiéis e grandes provedores de informações para a melhoria da organização.

Vale lembrar que nem sempre foi assim. Somente a partir da década de 1970 as organizações passaram a se preocupar em atender às necessidades dos clientes. Veja, na Tabela 8.1, os modelos de gestão já empregados e seus principais focos.

Tabela 8.1 - Modelos de gestão empresarial

Década	Modelos de gestão	Era	Características
1920	Modelo tradicional	Era da produção em massa	Foco na produção em grande escala, sem preocupação com a qualidade e o cliente. A administração passa a ser percebida como uma ciência e tem como grandes contribuintes os engenheiros Frederick Winslow Taylor e Henri Fayol. Surge a abordagem da administração das relações humanas, a qual passa a ver o homem como o centro de todo o desenvolvimento organizacional.
1950	Modelo tradicional	Era da eficiência	Administração burocrática, baseada em controles administrativos internos. Foco nas funções administrativas: planejar, controlar, coordenar e gerenciar os recursos financeiros.
1970	Modelo contemporâneo	Era da qualidade	Foco na melhoria contínua e no atendimento dos requisitos de clientes. Surge a percepção do cliente como fator primordial para o desenvolvimento e a sustentabilidade da organização.
1990	Modelo contemporâneo	Era da competitividade	Foco na economia globalizada. A concorrência aumenta e as organizações buscam, cada vez mais, novos modelos de gestão, tais como: reengenharia, terceirização, inovação etc.
2000	Modelo emergente	Era atual	Há modelos em evolução; ainda não são totalmente concebidos como um formato filosófico, mas são oriundos de avanços das teorias anteriores, seja pelas mudanças de mercado, seja pela inserção das tecnologias. Os principais modelos são: empresa virtual, gestão do conhecimento, modelos biológicos/ quânticos/ teoria do caos/complexidade.

Fonte: TAJRA, 2014.

O cliente passou a ser o foco da gestão de todas as organizações, públicas ou privadas, com fins lucrativos ou não. Hoje em dia, é evidente que as empresas devem atender às necessidades atuais e futuras dos clientes, pois eles estão inseridos em todas as missões empresariais. É para o cliente que a empresa existe. Sem ele não há porque existir.

As empresas passaram a criar departamentos com diferentes finalidades, os quais se relacionam com os clientes de forma estruturada e planejada, visando garantir seu retorno, sua fidelidade e a oportunidade de aprender com eles. Por meio do cliente a empresa muda, se necessário, suas ações e estratégias, pois consegue identificar as percepções do consumidor, podendo, inclusive, reduzir crises.

Os principais canais de comunicação entre as empresas e os clientes são: pesquisas de satisfação, balcões e/ou formulários para reclamações, sugestões e elogios, além dos serviços de ouvidoria.

As organizações precisam estimular os clientes a participar de pesquisas e tecer *feedback*, pois nem sempre eles se interessam em responder a formulários e pesquisas de satisfação.

Amplie seus conhecimentos

Taylor e Fayol foram os grandes contribuintes para que a Administração se tornasse uma ciência. Taylor criou vários métodos para que os trabalhos ganhassem cada vez mais produtividade por meio dos estudos dos tempos e movimentos. Por sua vez, Fayol analisou as organizações sob o ponto de vista gerencial. É dele a contribuição das definições das principais funções administrativas, que são: planejamento, organização, comando, coordenação e controle.

8.2 Critérios para o desenvolvimento de pesquisas de satisfação

Quando uma empresa opta por incorporar a pesquisa de satisfação como instrumento de gestão, deve definir alguns aspectos, indicados na Tabela 8.2.

Tabela 8.2 - Decisões para o desenvolvimento de pesquisas de satisfação

1. Objetivo da pesquisa	5. Utilização de dados demográficos
2. Participantes	6. Uso de dados psicográficos
3. Formulação de perguntas	7. Periodicidade
4. Ciência do cliente sobre a participação	8. Medição de desempenho

8.2.1 Objetivo da pesquisa

A empresa deve estabelecer exatamente o que deseja pesquisar, pois isso afetará as fases seguintes. Sugerem-se as seguintes perguntas:

» O que a empresa deseja saber?

» Quais são os aspectos essenciais para solucionar os problemas a serem investigados?

» Quem deve responder à pesquisa? Todos os clientes?

» Com qual periodicidade a pesquisa deve ser aplicada?

» Deve ser acessada por e-mail, por correspondência, pelo site da empresa, pelas redes sociais ou outro meio?

O objetivo pode ser, por exemplo, identificar a percepção do cliente sobre a empresa. Será que ele tem a mesma visão dos proprietários? Se não tiver, o que precisa mudar?

Mensurar a satisfação dos colaboradores com o trabalho pode ser outro objetivo da pesquisa. Nesse sentido, vale ressaltar que existem dois tipos de cliente nas organizações: o interno e o externo. O externo é aquele que compra os serviços e produtos, não tendo relação trabalhista com a empresa. O interno é o funcionário da organização; identificar sua satisfação é importante para promover melhorias e, assim, maximizar os resultados desejados.

O cliente interno conhece bem as operações da empresa e pode atuar diretamente onde os problemas ocorrem; por isso, recomenda-se que a organização efetue esse levantamento periodicamente. O funcionário é um dos grandes agentes da promoção de melhorias. Sem a sua participação, dificilmente uma organização obteria resultados satisfatórios a longo prazo.

Além disso, o cliente interno repassa aos clientes externos as suas percepções sobre a empresa. É importante, ainda, que ele não transmita aos clientes externos suas insatisfações.

Veja um exemplo de pesquisa na Figura 8.1, o qual pode ser repassado aos colaboradores da empresa. Na coluna da esquerda, foram listadas as áreas das questões: serviços e benefícios, infraestrutura, relacionamento, estilo de liderança, percepção sobre a empresa, comunicação empresarial e conclusão. Por fim, um espaço foi reservado para comentários e sugestões complementares.

Pesquisa de satisfação dos colaboradores

Esta pesquisa tem como objetivo conhecer o que pensam e como se sentem os colaboradores da Empresa XXX, para que seja possível propor melhorias.

Responda à pesquisa com sinceridade. Não é necessário se identificar.

Leia atentamente cada questão e marque com um X o quadro correspondente à sua opinião. Somente uma resposta deve ser marcada, tomando o cuidado de não deixar nenhuma questão em branco.

Considere a seguinte escala como base para as respostas: 5: concordo; 3: concordo parcialmente; 1: discordo. Caso não saiba o que responder, assinale X na última coluna: Não sei responder.

Área	Itens a avaliar	Pontos			Não sei responder
		5	3	1	
Serviços e benefícios	A Empresa XXX oferece treinamento e qualificação profissional.				
	Os salários pagos pela Empresa XXX são semelhantes aos salários oferecidos pelo mercado para a mesma função.				
	O vale-refeição é adequado.				
	O uniforme oferecido é apropriado.				
	A Empresa XXX oferece equipamentos de segurança de qualidade e preocupa-se em eliminar agentes que possam causar acidentes e doenças no ambiente de trabalho.				
	A Empresa XXX reconhece/promove adequadamente as pessoas que apresentam melhor desempenho.				

Área	Itens a avaliar	Pontos			Não sei responder
		5	3	1	
Infraestrutura	São boas as condições físicas do ambiente de trabalho quanto aos quesitos: limpeza, organização, segurança e luminosidade.				
	São boas as condições das máquinas da Empresa XXX.				
Relacionamento	O meu relacionamento com os colegas do setor é bom.				
	O meu relacionamento com os colegas de outros setores é bom.				
Estilo de liderança	A chefia orienta claramente como desempenhar o meu trabalho de maneira correta.				
	A chefia reconhece e avalia meu desempenho, deixando-me a par de suas impressões.				
	A chefia estimula o trabalho em equipe.				
	A chefia tem capacidade de delegar tarefas e responsabilidades.				
	A diretoria responde às sugestões, às opiniões e aos problemas referidos pelos colaboradores.				
	A direção comunica decisões estratégicas da Empresa XXX.				
	As ideias novas e produtivas são normalmente colocadas em prática na Empresa XXX.				
Como eu vejo a Empresa XXX	A Empresa XXX estimula o conhecimento e o fortalecimento das relações entre clientes e fornecedores.				
	Os resultados dos programas de treinamento são percebidos na prática.				
	A Empresa XXX busca atender às necessidades de seus clientes com produtos e serviços de qualidade.				
	A Empresa XXX realiza mudanças necessárias para competir com o mercado.				
	A Empresa XXX possui credibilidade por parte de seus colaboradores.				
	Sinto que a Empresa XXX é respeitada e vista positivamente pela comunidade.				
Comunicação	A Empresa XXX comunica aos colaboradores assuntos que lhes dizem respeito.				
Conclusão	Sinto-me seguro em relação ao meu emprego.				
	Trabalhar na Empresa XXX me proporciona satisfação pessoal.				
	Trabalhar na Empresa XXX me proporciona realização profissional.				
Sugestões e comentários:					
Agradecemos a participação!					

Figura 8.1 - Pesquisa de satisfação dos colaboradores (clientes internos).

8.2.2 Participantes

As pesquisas, de forma geral, são realizadas por amostragem, ou seja, apenas parte da população (clientes) participará delas. O que essa população apontar será considerado a visão geral dos clientes a respeito da organização. Essa metodologia tem como pressuposto que a população escolhida representa a totalidade, sem perda das características essenciais.

A amostragem pode ser aleatória ou não. Na amostragem aleatória, as pessoas são selecionadas sem nenhum critério específico. Imagine uma caixa com os nomes de todos os clientes; alguém sorteia alguns clientes, aos quais a pesquisa será aplicada.

Já na amostragem não aleatória, também conhecida como amostragem por conveniência, o pesquisador escolhe as características da população a ser pesquisada. Por exemplo: mulheres acima dos 30 anos de idade; clientes que fizeram compras em determinada empresa nos últimos seis meses etc. O pesquisador se vale de algum critério para conseguir identificar as informações desejadas por meio da pesquisa.

Fique de olho!

Uma amostragem significativa deve incluir de 20 a 30% da população. Menos que isso pode gerar distorção das informações, sem haver representatividade da população geral.

8.2.3 Formulação de perguntas

As perguntas são formuladas conforme os objetivos da pesquisa e a maneira como ela será realizada. Devem gerar respostas que atendam às necessidades de investigação da empresa.

Elas podem ser abertas ou fechadas. Nas questões abertas, o pesquisado escreve sua opinião livremente, colocando as informações que julgar importantes. Nas questões fechadas, as respostas possíveis já são definidas pela empresa, cabendo ao pesquisado apenas escolher uma entre as opções disponíveis.

Após realizar as pesquisas, cabe à organização tabular os dados levantados e, de preferência, gerar gráficos que ilustrem os resultados. Dessa forma, fica mais fácil entender o perfil dos clientes e tomar as decisões necessárias para obter melhorias.

Na Figura 8.2, veja um modelo de pesquisa que tem como referência, quase na totalidade, perguntas fechadas; apenas a última questão é aberta. Perceba, também, que muitas perguntas têm o objetivo de verificar a qualidade do serviço prestado, já sugerindo as respostas possíveis: excelente, bom, regular e ruim. Pergunta-se, ainda, como o cliente tomou conhecimento da empresa.

Pesquisa de satisfação do cliente

1) Como tomou conhecimento da empresa?

( ) Amigos ( ) Médico ( ) Propaganda ( ) Marketing ( ) Outros:_________

2) Ao adquirir seu plano de saúde, você foi bem informado sobre como utilizá-lo?

( ) Sim ( ) Não

Sobre o seu médico

3) Já utilizou seu plano médico?

( ) Sim ( ) Não

4) Como você avalia o atendimento do seu médico?

( ) Excelente ( ) Bom ( ) Regular ( ) Ruim

5) Como você avalia o consultório do seu médico?

( ) Excelente ( ) Bom ( ) Regular ( ) Ruim

6) Como você avalia o atendimento da secretária do seu médico?

( ) Excelente ( ) Bom ( ) Regular ( ) Ruim

Sobre os serviços de emergência

7) Você já utilizou os serviços de emergência?

( ) Sim ( ) Não

8) Como você avalia esse serviço?

( ) Excelente ( ) Bom ( ) Regular ( ) Ruim

Sobre a perícia médica

9) Você já utilizou o serviço de perícia?

( ) Sim ( ) Não

10) Como você avalia o agendamento desse serviço?

( ) Excelente ( ) Bom ( ) Regular ( ) Ruim

Sobre o centro de diagnóstico

11) Você já utilizou o centro de diagnóstico?

( ) Sim ( ) Não

12) Como você avalia esse serviço?

( ) Excelente ( ) Bom ( ) Regular ( ) Ruim

Sobre a empresa

13) Como você avalia o atendimento recebido na sede da empresa?

( ) Excelente ( ) Bom ( ) Regular ( ) Ruim

14) Como você avalia o atendimento telefônico da empresa?

( ) Excelente ( ) Bom ( ) Regular ( ) Ruim

Sobre a autorização de exames

15) Como você avalia o processo on-line de aprovação do seu tratamento?

( ) Excelente ( ) Bom ( ) Regular ( ) Ruim

16) Você já indicou a empresa para algum amigo?

( ) Sim ( ) Não

17) Deixe-nos suas sugestões: ____________________

Figura 8.2 - Pesquisa de satisfação do cliente – Exemplo 1.

A Figura 8.3 traz outro exemplo de pesquisa. Seu principal objetivo não é classificar os serviços prestados, pois as perguntas já atribuem as respostas que um aluno pode dar em relação à escola. Ao mesmo tempo, são formuladas perguntas abertas complementares.

Pesquisa de satisfação do cliente

Em qual curso técnico você está matriculado?

Você já fez outro curso técnico?

( ) Sim ( ) Não

Se sim, qual? Em qual instituição?

Como você conheceu a nossa escola?

( ) Indicação ( ) Outdoor ( ) Internet ( ) Rádio

( ) Revistas ( ) No bairro ( ) Outro:

Por que escolheu a nossa escola?

( ) Marca reconhecida do mercado ( ) Relação custo/benefício ( ) Recebeu indicação ( ) Qualidade do ensino ( ) Professores qualificados

Na sua opinião, quais são as vantagens da nossa escola em relação à concorrência? Assinale quantas opções quiser.

( )Valor das mensalidades ( ) Salas de aula ( ) Professores qualificados ( ) Localização ( ) Qualidade do ensino ( ) Outro:

Do que você não gosta na escola?

O que você espera de nossa escola para o seu ingresso no mercado de trabalho?

Figura 8.3 - Pesquisa de Satisfação de Clientes – Exemplo 2.

Observe quem em nenhum dos dois exemplos foi solicitada a identificação do cliente; em alguns casos, fica a critério do cliente identificar-se ou não. Acompanhe o tópico seguinte.

8.2.4 Ciência do cliente sobre a participação

Cabe ao pesquisador decidir se o cliente deve saber (método intrusivo) ou não (método não intrusivo) que está participando de um processo de pesquisa.

No método intrusivo, o cliente é avisado, pela empresa, sobre sua participação em uma pesquisa. Geralmente, essa abordagem é feita por meio de entrevistas e questionários em que a empresa pergunta, diretamente, se a pessoa tem interesse em participar da pesquisa. Também pode ser feita por meio eletrônico, contato telefônico, durante um atendimento e diversas outras formas, mas a abordagem é sempre direta.

Já no método não intrusivo, as perguntas e a própria abordagem são indiretas. O cliente não percebe que está realizando uma pesquisa. A vantagem dessa modalidade é que o cliente acaba sendo mais sincero, pois responde naturalmente ao que é questionado.

8.2.5 Utilização de dados demográficos

Algumas empresas realizam pesquisas com base em dados demográficos disponíveis no mercado. Os dados mais comumente consultados são do Instituto Brasileiro de Geografia e Estatística (IBGE), disponíveis no site <http://www.ibge.gov.br/home/>. Acesso em: 7 mar. 2014.

Os dados demográficos são estatísticas relacionadas à população; por exemplo: faixa etária de um grupo, sexo, profissão, raça, moradia, renda, entre outros.

A empresa agrupa os dados demográficos coletados, a fim de identificar certos comportamentos. Por exemplo: a empresa pode identificar que adolescentes da classe econômica C, do sexo masculino, entre 14 e18 anos, compram tênis da marca X.

8.2.6 Uso de dados psicográficos

Os dados psicográficos estão relacionados com o comportamento, a conduta e os valores dos consumidores.

Por exemplo, a empresa pode identificar que adolescentes da classe econômica C, do sexo masculino, entre 14 e 18 anos, utilizam a Internet em média quatro horas por dia. Apesar da semelhança com o exemplo apresentado no Tópico 8.2.5, sua análise final é o comportamento dos adolescentes em relação ao uso diário da Internet.

É muito comum, ao realizar pesquisas de satisfação com os clientes, utilizar todas as técnicas comentadas ao mesmo tempo, atingindo resultados melhores e mais abrangentes, que atendam às diversas formas de se observar uma organização.

8.2.7 Periodicidade e medição de desempenho

Além dos elementos apontados, compete à equipe responsável pela implantação da pesquisa de satisfação determinar a sua periodicidade, pois é necessário ter dados históricos sobre a evolução do atendimento, visando identificar se as medidas corretivas e de melhoria surtiram ou não efeito.

Conforme Kaplan e Norton (1997), no âmbito da gestão, o que não é medido não é gerenciado. Portanto, cabe aos gestores definir medidas de desempenho para validar efetivamente os resultados obtidos, ou seja, para saber se o que foi planejado está sendo feito.

Ao definir uma pesquisa de satisfação, é importante determinar a meta mínima esperada. Por exemplo, estimar que, de todos os participantes, um percentual deve sinalizar nível de satisfação entre ótimo e excelente em relação à empresa.

Outros exemplos que podem ajudar a identificar a satisfação dos clientes são os medidores de desempenho a seguir:

» Participação da empresa no mercado: também conhecido como *market share*. Esse indicador demonstra, em termos percentuais, as vendas de uma empresa em relação ao mercado como um todo; em outras palavras, a sua participação no segmento.

» Retenção de clientes: uma das alternativas é identificar quanto tempo um cliente permanece em uma empresa. Por exemplo: se determinada empresa retém o cliente por cinco anos, em média, sua meta pode ser a ampliação desse tempo para sete anos. Essa medição reflete a fidelidade do cliente.

» Captação de clientes: essa medição identifica os novos clientes adquiridos pela organização em determinado período. Todas as empresas devem valorizar a captação de clientes, pois é por meio deles que elas garantem o seu crescimento.

» Perda de clientes: as empresas não devem apenas mensurar clientes novos, mas identificar aqueles que deixaram de ser e, principalmente, saber o motivo.

» Lucratividade de clientes: com essa medida, é possível conhecer os clientes pela perspectiva dos resultados financeiros. Afinal de contas, é bom manter todos os clientes? É melhor não ter alguns? As empresas também devem analisar sua carteira de clientes, já que, conforme os diferentes resultados, mantê-los pode não ser a melhor das opções. Caso essa seja a realidade, é necessário que a empresa reveja as estratégias de preços, cobranças e vendas.

» Índice de reclamações dos clientes: as empresas sempre devem observar esse índice, procurando responder às reclamações em tempo hábil; caso contrário, a tendência é gerar inúmeros problemas para a organização. Quando certos problemas não são resolvidos rápida e adequadamente, podem ser publicados em sites de reclamações ou, até mesmo, nos órgãos de defesa do consumidor. Com esse levantamento também é possível medir os motivos das reclamações.

» Tempo de processamento dos serviços: a agilidade do atendimento tem relação direta com a satisfação do cliente. Sendo assim, essa medida verifica o tempo de espera para o atendimento e para a solução dos problemas identificados, entre outros fatores.

Além dos medidores de desempenho citados, a empresa ainda pode verificar a perspectiva dos clientes sobre:

- a segurança que sentem em relação à empresa;
- a honestidade dos funcionários;
- a flexibilidade na negociação;
- o cumprimento dos requisitos contratuais;
- a atenção prestada;
- a relação custo/benefício;
- a qualificação dos funcionários;
- as melhorias implementadas.

Amplie seus conhecimentos

As medidas de desempenho também são conhecidas como indicadores de desempenho. Para cada indicador a organização deve estabelecer metas a serem atingidas. Dessa forma, ela sempre promoverá, de forma sistemática e estruturada, o acompanhamento dos resultados, e de maneira proativa, as melhorias necessárias, a fim de que toda a organização atinja seus objetivos (TAJRA, 2010).

8.3 Mecanismos para coleta de informações com os clientes

Existem várias formas de as empresas coletarem informações com os clientes. As principais são explicadas nos tópicos a seguir.

8.3.1 Perguntas feitas diretamente ao consumidor

É o mecanismo mais comum. Nesse caso, os funcionários questionam, de forma direta, os consumidores no ato do atendimento.

8.3.2 Reuniões com os consumidores

Algumas empresas maiores optam por essa excelente – e direta – estratégia com os clientes. Como funciona? Alguns clientes são selecionados conforme a sua importância para a empresa e convidados a participar de uma reunião com o objetivo de discutir as principais questões relacionadas aos serviços e produtos.

Nessas reuniões, os clientes podem manifestar-se livremente; a empresa não se defende, não se explica nem justifica os apontamentos; apenas os anota para posterior discussão interna.

Geralmente, essas reuniões são conduzidas por profissionais externos à organização ou que pouco conheçam os clientes, a fim de garantir a imparcialidade.

Após o término da reunião, as informações coletadas são discutidas internamente, para identificar as possíveis implementações. Os clientes são, depois, informados sobre os levantamentos definidos.

A vantagem dessa metodologia é que os clientes selecionados são os de maior influência na organização e, portanto, grandes conhecedores de seus serviços e produtos; logo, seus apontamentos costumam ser bastante significativos.

8.3.3 Caixa de sugestões

É uma ferramenta fácil de implementar. A empresa elabora um formulário, conforme alguns exemplos fornecidos neste capítulo, que deve ser deixado nos balcões de atendimento – de forma bastante acessível – para que os clientes respondam-no aleatoriamente e, em seguida, coloquem na caixa de sugestões. Periodicamente, a organização colhe os formulários e tabula os dados analisados.

Essa modalidade geralmente traz pouco retorno, pois há de se considerar que muitos clientes não gostam de preencher esses formulários e acham perda de tempo. Além disso, muitos só preenchem o formulário quando estão insatisfeitos, o que acaba distorcendo os resultados.

Sugerimos, então, que a empresa estimule os clientes – por meio de brindes, por exemplo – a responder às pesquisas. Há empresas que optam pela premiação: se o cliente responder à pesquisa, pode participar de um sorteio.

De forma geral, as empresas têm o costume de dar brindes aos clientes pela participação em todos os tipos de pesquisa.

8.3.4 Mensagens por e-mail

Essa ferramenta vem sendo cada vez mais utilizada, principalmente por empresas que possuem comércio eletrônico (*e-commerce*). É comum, após a venda de produtos e serviços no *e-commerce*, as empresas encaminharem ao e-mail do cliente cadastrado um questionário para que ele possa manifestar-se sobre a experiência.

8.3.5 Cliente oculto

É considerada uma excelente técnica para identificar a satisfação dos clientes. O cliente oculto geralmente é um profissional externo à organização e de confiança; ele conhece as atividades da empresa (do contrário, recebe treinamento). Ele é contratado para visitar as instalações de uma organização como se fosse um cliente real; passa por todo o processo de atendimento e compra dos serviços e produtos, anotando as ocorrências para passá-las, posteriormente, à empresa.

Geralmente, esse profissional recebe um roteiro de itens que devem ser verificados na empresa. Ele conversa com os vendedores, analisa o atendimento do caixa no ato do pagamento, troca mercadorias etc.

É considerada uma técnica importante porque os problemas são detectados em situações reais e cotidianas da empresa. Os colaboradores não conhecem esse profissional; logo, acreditam que ele seja um cliente.

8.4 Reclamações dos clientes

Todas as organizações devem trabalhar com o objetivo de atender às expectativas dos clientes da melhor maneira possível, mas nem sempre isso ocorre. Da mesma forma que a empresa deve criar canais para identificar a satisfação dos clientes, deve criar instrumentos e canais para receber suas reclamações.

Esses canais podem ser os mesmos que fazem o levantamento das necessidades e da satisfação dos clientes, tais como: formulários, contatos por e-mail, recursos de comunicação nos sites, criação de departamentos com essa finalidade etc.

Na prática, ninguém gosta de receber reclamações, pois elas indicam que algo não foi realizado como desejado; se, porém, nos colocarmos no lugar do cliente, talvez tenhamos as mesmas reações. Uma forma de analisar a reclamação é fazer exatamente isto: colocar-se no lugar dele. Você ficaria bem com o que aconteceu? O que faria se fosse o cliente? Você retornaria à empresa?

Compete à organização criar um sistema para lidar com a reclamação do cliente e responder o quanto antes, de forma que ele recupere a confiança na empresa. Os objetivos dessa sistematização devem ser a análise, o registro e o encaminhamento das informações (reclamações, dúvidas, solicitações e sugestões) do cliente às áreas competentes, a fim de que a alta direção acompanhe o desempenho dos serviços prestados, visando à qualidade do serviço.

Para efetuar adequadamente essa análise, a empresa deve ter como referência as legislações da área, os contratos com os clientes e as orientações do Código de Defesa do Consumidor, conforme o Tópico 8.5 deste capítulo.

Podemos representar esse processo por meio de um fluxograma, conforme a Figura 8.4.

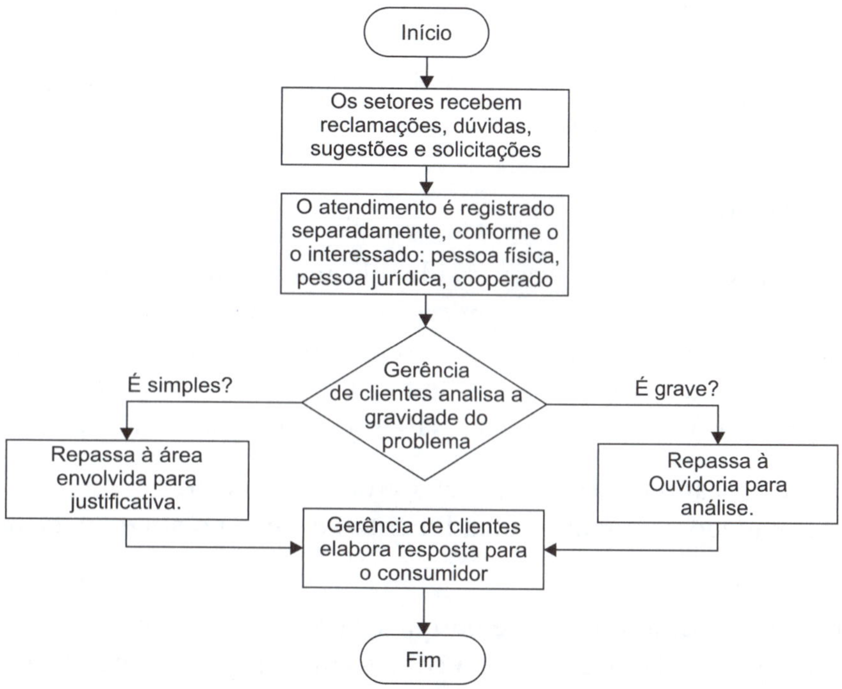

Figura 8.4 - Fluxograma de um processo de reclamação do cliente.

Perceba, no fluxograma da Figura 8.4, que a gerência de clientes analisa a gravidade da reclamação. Se for considerada grave, ela é diretamente encaminhada para a ouvidoria, que a avalia com mais precisão.

Ouvidoria é uma área das organizações que lida com ocorrências mais graves ou recorrentes envolvendo a clientela. Geralmente, é o último canal de contato que uma empresa disponibiliza ao cliente, ou seja, em muitos casos, ele somente consegue ter acesso à ouvidoria após uma série de tentativas nos demais canais.

Veja, na Figura 8.5, um modelo de formulário que pode ser utilizado pela ouvidoria ou mesmo para registrar reclamações de clientes.

Reclamaçãodo cliente para a ouvidoria

Atendimento: _______ Data: ___ / ___ / ___

( ) Reclamação ( ) Sugestão ( ) Dúvida ( ) Solicitação

Atendimento pessoal E-mail/fax/carta/site Atendimento telefônico

Cidade:

Nome do cliente: Telefone:

Código do cliente: Data:

Descrição do atendimento:

Colaborador:

Boleto	( ) Não recebeu	( ) Valor errado	( ) Segunda via	( ) Outros:	
Reajuste	( ) Errado	( ) Não conhecia o índice		( ) Outros:	
Endereço	( ) Alteração de endereço		( ) Endereço errado	( ) Outros:	
Orçamento	( ) Tempo de retorno		( ) Orçamento errado		( ) Outros:
Outros	( ) Cancelamento de contrato		( ) Outros:		

Encaminhado para:

Data de saída: Data de retorno:

Retornar por:

( ) Telefone ( ) E-mail ( ) Carta ( )Pessoalmente

Assinatura do cliente:

Parecer/solução do ouvidor:

Assinatura:

Figura 8.5 - Modelo de Formulário para controle da ouvidoria de clientes.

Em um sistema de acompanhamento e registro de reclamações, é essencial responder ao cliente, de preferência como problema resolvido. Se não for possível resolvê-lo, deve-se procurar amenizar as consequências. A empresa deve ter em mente que sua sustentabilidade depende diretamente de seus clientes.

8.5 Código de defesa do consumidor

Em 1990, o Ministério da Justiça promoveu uma mudança radical nas relações de consumo no Brasil: criou uma comissão para elaborar o Código de Defesa do Consumidor (CDC), com o intuito de proteger o consumidor em todos os segmentos do mercado, evitando práticas exploratórias, desonestas e que acarretem prejuízos ao cliente, considerado a parte mais fraca na relação de consumo. Isso não significa que o CDC veio para prejudicar os fornecedores de produtos e serviços; seu intuito é harmonizar as relações entre as partes envolvidas.

O mercado oferta cada vez mais serviços e produtos e, por consequência, compete por clientes. Assim sendo, as empresas precisam criar práticas de marketing para aumentar as vendas, gerando estímulos contínuos ao consumidor.

Para entender o CDC, é importante conhecer os três elementos que constituem a relação de consumo: o consumidor, o fornecedor e os produtos e serviços ofertados.

O consumidor é qualquer pessoa ou organização que adquire, compra e contrata serviços e produtos para uso próprio. Já o fornecedor é a pessoa ou empresa que comercializa, distribui, oferta e produz determinados serviços e produtos. Por fim, produtos e serviços são os itens transacionados entre as partes envolvidas, ou seja, entre os consumidores e os fornecedores. Observe esses elementos na Figura 8.6.

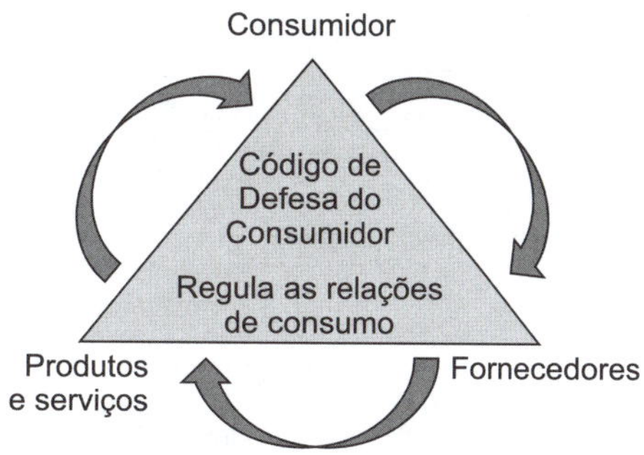

Figura 8.6 - CDC e a relação de consumo.

O processo de comunicação e negociação empresarial que envolve consumidores e fornecedores deve ter como referência o CDC. Dessa forma, as partes envolvidas sempre terão resguardo legal, com direitos e deveres respeitados.

A base legal do CDC é garantida pela Constituição Federal de 1988, conforme o artigo 5º, inciso 32 (BRASIL, 1988):

> Art. 5º Todos são iguais perante a lei, sem distinção de qualquer natureza, garantindo-se aos brasileiros e aos estrangeiros residentes no País a inviolabilidade do direito à vida, à liberdade, à igualdade, à segurança e à propriedade [...]:
>
> XXXIII- todos têm direito a receber dos órgãos públicos informações de seu interesse particular, ou de interesse coletivo ou geral, que serão prestadas no prazo da lei, sob pena de responsabilidade, ressalvadas aquelas cujo sigilo seja imprescindível à segurança da sociedade e do Estado.

As bases do pensamento do CDC preveem que as relações entre as empresas e os consumidores devem ser pautadas por:

- boa-fé e equidade: a relação deve ser de igualdade, com atitudes verdadeiras e transparentes;
- harmonização de interesses: a relação deve ser compatível com o desenvolvimento mercadológico e atender às necessidades dos consumidores de forma digna, sem prejuízos à sua saúde e segurança.

Os direitos básicos do consumidor, conforme previsto no artigo 6º do CDC, são (JUSBRASIL, [20--]):

> [...] - a proteção da vida, saúde e segurança contra os riscos provocados por práticas no fornecimento de produtos e serviços considerados perigosos ou nocivos;
>
> - a educação e divulgação sobre o consumo adequado dos produtos e serviços, asseguradas a liberdade de escolha e a igualdade nas contratações;
>
> - a informação adequada e clara sobre os diferentes produtos e serviços, com especificação correta de quantidade, características, composição, qualidade e preço, bem como sobre os riscos que apresentem;
>
> - a proteção contra a publicidade enganosa e abusiva, métodos comerciais coercitivos ou desleais, bem como contra práticas e cláusulas abusivas ou impostas no fornecimento de produtos e serviços;
>
> - a modificação das cláusulas contratuais que estabeleçam prestações desproporcionais ou sua revisão em razão de fatos supervenientes que as tornem excessivamente onerosas;
>
> - a efetiva prevenção e reparação de danos patrimoniais e morais, individuais, coletivos e difusos;
>
> - o acesso aos órgãos judiciários e administrativos com vistas à prevenção ou reparação de danos patrimoniais e morais, individuais, coletivos ou difusos, assegurada a proteção Jurídica, administrativa e técnica aos necessitados;
>
> - a facilitação da defesa de seus direitos, inclusive com a inversão do ônus da prova, a seu favor, no processo civil, quando, a critério do juiz, for verossímil a alegação ou quando for ele hipossuficiente, segundo as regras ordinárias de experiências; a adequada e eficaz prestação dos serviços públicos em geral.

Quando os requisitos do CDC não são atendidos, os clientes podem reclamar nos órgãos de defesa do consumidor, o que pode gerar fiscalização e, até mesmo, autuação das empresas. Por essa razão, as organizações devem treinar as equipes e repassar as orientações do CDC, a fim de que elas respeitem as relações de consumo, evitando problemas posteriores.

Vamos recapitular?

Neste capítulo, você aprendeu a importância da criação de um sistema que permita ao cliente comunicar-se com a empresa, o que inclui elogios, dúvidas e reclamações.

Com esse processo de relacionamento, a empresa pode revisar e melhorar continuamente suas atividades.

Os consumidores relacionam-se ativamente com o mercado e estão cada vez mais conscientes de seus direitos. Portanto, cabe às empresas atenção para que os clientes não se sintam prejudicados.

Agora é com você!

1) Com as informações fornecidas neste capítulo, elabore uma pesquisa de satisfação para clientes externos de alguma empresa que você conheça. Defina as perguntas fundamentais e se elas devem ser abertas ou fechadas.

2) Defina, para a pesquisa do Exercício 1, as medidas de desempenho a serem usadas.

Bibliografia

ADIZES, I. **Os ciclos de vida das organizações**. 31. ed. São Paulo: Pioneira, 1996.

ALVES, L. C. A. **Palavras têm poder**. [S.l.]: PsiCorpoSP, 2010. Disponível em: <http://www.bemestarequalidadedevida.com.br/bem-estar-qualidade-de-vida/palavras-tem-poder/>. Acesso em: 27 fev. 2014.

AMATO, H. S. **Como negociar: técnicas, estratégias e táticas para negociar melhor e obter vantagens**. São Paulo: STS, 2002.

ASSOCIAÇÃO BRASILEIRA DE NORMAS TÉCNICAS. **NBR ISO 9001:2008:** sistemas de gestão da qualidade: requisitos. Rio de Janeiro, 2008.

BORNHOFEN, D.; KISTENMACHER, G. M. P. Negociação internacional baseada na influência cultural: Alemanha. **Revista Interdisciplinar Científica Aplicada**, Blumenau, v.1, n.2, p.1-15, 2007. Disponível em: <http://rica.unibes.com.br/index.php/rica/article/viewFile/33/28 dia 30/01/2014>. Acesso em: 27 fev. 2014.

BRASIL. **Constituição da República Federativa do Brasil de 1988**. Disponível em: <http://www.planalto.gov.br/ccivil_03/constituicao/constituicao.htm>. Acesso em: 7 mar. 2014.

CATALÃO, J. A.; PENIN, A. T. **Ferramentas de coaching**. 6. ed. Lisboa: Lidel, 2012.

CHRISTOPHER, E. M. **Técnicas de negociação**. 9. ed. São Paulo: Clio, 2009.

COVEY, S. **Os 7 hábitos das pessoas altamente eficazes**. Rio de Janeiro: Best Seller, 1995.

FISHER, R.; URY, W.; PATTON, B. **Como chegar ao sim: a negociação de acordos sem concessões**. Rio de Janeiro: Imago, 2005.

FORDE, J. E. **Relações com o consumidor**. Rio de Janeiro: Senac, 2012.

FRIEDMAN, T. **O mundo é plano: uma breve história do século XXI**. Rio de Janeiro: Objetiva, 2005.

GRION, L. **Como se comunicar por escrito com eficácia**. São Paulo: Madras, 2005.

JUSBRASIL; REDE DE ENSINO LUIZ FLÁVIO GOMES. **Quais são os direitos básicos do consumidor previstos na Lei 8.078/90? Trata-se de rol taxativo?**[S.l.], [20--]. Disponível em: <http://lfg.jusbrasil.com.br/noticias/1068152/quais-sao-os-direitos-basicos-do-consumidor-previstos-na-lei-8078-90-trata-se-de-rol-taxativo-patricia-a-de-souza>. Acesso em: 27 fev. 2014.

KAPLAN R. S.; NORTON, D.P. **A estratégia em ação**. 18. ed. Rio de Janeiro: Campus, 1997.

KOTLER, P.; KELLER, K.L. **Administração de marketing**. São Paulo: Pearson; Prentice Hall, 2006.

KOTLER, P.; ARMSTRONG, G. **Princípios de marketing**. 12. ed. São Paulo: Prentice Hall, 2007.

MARTINELLI, D. P.; ALMEIDA, A. P. **Negociação: como transformar confronto em cooperação**. São Paulo: Atlas, 1997.

MATTOS, A. C. **Sistemas de informação: uma visão executiva**. São Paulo: Saraiva, 2005.

MELLO, J. C. M. F. **Negociação baseada em estratégia**. São Paulo: Atlas, 2003.

O'CONNOR, J. **Manual de programação neurolinguística**. 6. ed. Rio de Janeiro: Qualitymark, 2003.

ROBBINS, H. A. **Como ouvir e falar com eficácia**. Rio de Janeiro: Campus, 1994.

ROBBINS, S. P. **Comportamento organizacional**, 9. ed.São Paulo: Pearson Education, 2007.

SEBRAE/MG. **Negociação internacional**. 2. ed., rev. e atual. Belo Horizonte, 2005. (Série Cooperação Internacional). Disponível em: <http://201.2.114.147/bds/bds.nsf/FF5EDBD0ED863E1703256FE1004779DC/$File/NT000A6742.pdf>. Acesso em: 27 fev. 2014.

STONER, J. A.; FREEMAN, R. E. **Administração**. Rio de Janeiro: LTC, 1999.

TAJRA, S.F. **Comunidades virtuais: um fenômeno na sociedade do conhecimento**. São Paulo: Érica, 2002.

______. **Gestão estratégica na saúde**. 4. ed. São Paulo: Iátria, 2010.

______. **Planejamento e informação**. São Paulo: Érica, 2014.

TERRA, J. C. C. **Gestão do conhecimento: o grande desafio empresarial**. São Paulo: Negócio, 2000.

TOFFLER, A. **A terceira onda**. 17. ed. Rio de Janeiro: Record, 1980.

WEIL, P.; TOMPAKOW, R. **O corpo fala: a linguagem silenciosa da comunicação não verbal**. 22. ed. Petrópolis: Vozes, 1986.